Okislife

ありのままの
「ちょうど良い」
暮らし

著 Okisvlog

KADOKAWA

PROLOGUE

自分らしい「普通」を
大切に

Cherishing My Own “Ordinariness”

自分らしい「普通」を大切に

Cherishing My Own "Ordinariness"

● OKISLIFE PROLOGUE 01 ●

こんにちは。
みなさん、頑張りすぎてないですか?

私はYouTubeでVlogをUPしている23歳です。
趣味は料理と読書とたまにお菓子作り。高3から英語を学びたいと考えるようになり、外国の文化を学べる大学に進学しました。大学在学中に1年間の留学もして、2024年からはオーストラリアの大学院に進学予定です。

私のVlogでは本のタイトル通り、ありのままの暮らしをそのままUPしています。英語学習のために、しっかり計画を立てて勉強している動画がたくさんあるので、私を「頑張り屋さんだな」と思ってくれている視聴者さんもたくさんいるようです。

でも、100%そうじゃないんです。
正確には「しっかり頑張るために、しっかりサボる人」です。

ちなみに最近も、この本を作るためにやることがいっぱいあって大変だったので、

「しっかりサボる」ために実家に帰省して羽を伸ばしてきました（笑）。

そのおかげで、「しっかり頑張る」も達成できて、こうやってちゃんと本ができました。


この本では、「頑張るけれど頑張りすぎない」「サボってもなんとかなる」という、私の「ちょうど良い」暮らし方についてたくさん書いています。

限られた時間の中でしっかりと頑張るには「ちょうど良い」頑張り方を見つけることが大切で、私にとってのそれは「しっかりサボる」ことでした。

勉強やお仕事のこと以外に、「ライフスタイルの〝ちょうど良い〟こだわり」みたいなこともお話ししています。


例えば……


頑張ることとお休みすることのバランス。

毎日コツコツ机に向かうけれど、1日くらいサボっても取り返せる勉強計画。

やるべきことはしっかりやりつつ、睡眠と自由時間を確保するスケジュール。

いっぱい作り置きをして、週2〜3日は楽をする、ほど良い自炊。
ごちゃっとしすぎない、でも自分が楽しくなるたくさんのものを置いてある部屋。
おしゃれで満足できる。でもシンプルで動きやすいファッション。
節約するけど、使うときはしっかり使うお金の使い方、など。

これが私にとっての「ちょうど良い」です。
これが私にとっての「ありのまま」であり「普通」です。
めーっちゃ無理することは、あんまりありません。普通に頑張っています。

みなさんはどうですか？

「普通」って人それぞれにあるもので、他の人から見るとそれが「個性」だったりする特別なもの。その自分の「普通」を大切にできたら、毎日がとても楽になる。
私はそう考えています。

この本を手に取ってくれた方はきっと真面目な方が多くて、「たくさん頑張らなければいけない」「こうしなければいけない」「無理をしてでもやらなきゃ！」と努力しているんじゃないかな？　と思います。私も昔はそういう考え方でした。

でも「無理をしなければ頑張れない」というわけではないと私は思うんです。

今、目の前にあるものが、仕事でも、勉強でも、生活でも、なんであっても。「ちょうど良い」やり方を見つけられたらきっと、無理しなくても頑張れるし、目標に向かっていける。

自分では特別だと感じることがない「その人にとっての普通」の毎日の中でも、「楽しいなあ」「満足だなあ」と楽しく幸せに暮らしていける。

そんな気がしています。

こんな感じの考え方をこの一冊の中にまとめています。

きっと、私の「ありのまま」はみなさんの「ありのまま」とは違いますよね。

でも、この本がみなさんの「ありのまま」や「ちょうど良い」を見つけるヒントになって、「ありのままでも大丈夫なんだ」って思うきっかけになったら、とても嬉しいです。

◉本書のこだわり

この本のイラストは、全部私が描いています。これ、こだわりポイントです（笑）。でも実は小さな頃からイラストが得意で自信があるとか、オリジナルキャラをしょっちゅう落書きしていた……なんてわけではないんですよね（笑）。

小学生の頃は漫画家になるのが夢で、イラストクラブに入り、少女マンガのようなキラキラの絵を描いてました。ノートにマンガを描いていた記憶もありますが、普通のマンガ好きの小学生の女の子という感じ。

高校の選択授業も美術でしたが、すごく力を入れていたわけではありません。

祖母は絵の先生で、自分の絵をどこかに出展したりもするような人です。動画で祖母の絵を映したこともあるので「イラストが得意なのはおばあちゃんの影響ですか？」と聞かれることもありますが、それは全く関係ないです。全く。

今になってやっと「おばあちゃんの絵すごい！」と思えているくらいで、当時の私はキラキラ絵に夢中。正直言って、おばあちゃんの絵に興味がそんなにありませんでした。ごめん、おばあちゃん。学生時代に祖母に絵を習ったこともありません。

〝絵が好き〟の遺伝とかはあるんかなあ？

そんな私が初めて本格的にイラストを描いたのは、なんとＯｋｉｓｖｌｏｇプロデュースブランド「Ｏｋｉｓｈｉｌ」でグッズを作るときでした。

そのときに初めて描いたおさるさんは、プロの方がきれいに描き起こしてくださって、「耳をもうちょっと大きくしませんか？」とか話し合いながらかわいいキャラになっていきました。そうやって他のキャラもできあがりました。

だから、実は、自分一人だけの力でちゃんとしたイラストを描くのはこの本の表紙と挿絵が始めてなんです。めっちゃドキドキです。

っていうと、やっぱり絵が得意でするする勝手に描けたみたいに聞こえてしまうかもしれません。でもそれも違います。

私みたいな初心者でもかわいいキャライラストを描く方法があるんですよ！
それは「かわいくなるまで諦めずに描き直し続ける」です！
テクニックは……ありません！（笑）

表紙や本文のウォンバットも最初全然かわいくなくて、どうしよ～って感じでした。でも色を変えてみたり、目の大きさを大きくしてみたり……試行錯誤を繰り返して今の状態まで持ってこれたんです。

なんとかなるまで諦めない。

それだけでこの本のイラストを描きました。完成した今は、納得のいくイラストになっています。プロの方にはかないませんが、自分では満足です。

編集さんからの「ご自分で表紙を描いてみませんか？」「挿絵を50枚描いてもらえませんか」というご提案。びっくりしたけど、やってみたくて引き受けてしまいました。表紙や挿絵も楽しんでもらえると嬉しいです。

いつもの「なんとかなるやろ」なチャレンジ。なんとかなりました。よかった。

ちなみになんでウォンバットかというと、友達からよく笑った顔がウォンバットに似ていると言われるからです（笑）。

初期のウォンバット

●Contents●

PROLOGUE

第1章 Okisvlogに映っていない私のこと

第2章 ライフスタイル

zzz

第3章

勉強

第4章

インテリア・ファッション

第5章

料理

EPILOGUE

第1章

Okisvlogに映っていない私のこと

About Me
What's Not Revealed on Okisvlog

生きてるときに
いつも思っていること

What I'm always thinking
about when I'm alive

● OKISLIFE ABOUT ME 01 ●

人生はやるか、やらないか。

これが私のポリシーです。人生って運で決まる部分もたくさんあるし、置かれた環境の厳しさも人それぞれ。だけど、それだけで人生が充実するかどうかが決まるわけではは絶対にないと思っています。努力しないと、何も変わらない。

素敵な環境の人をうらやましがるんじゃなくて、どうすればもっと自分がよくなるかな？　と考えて、最大限努力する。そうしたら、運がついてきてくれることもあります。

自分でどうにかできる部分は、最大限自分でコントロールしたい。「置かれた環境でどうするか」がいちばん大事だなと、生きてきた中で強く感じています。といってもまだ生まれてたった20年ちょいですが……。

しっかり毎日計画を立てて、スケジュール通りに達成できるように勉強を進める。それを継続しているので、ストイックに見えるかもしれないけれど、自分としてはそんなことはないです。寝るときは寝るし、サボるときはしっかりサボるし（笑）。

けれど「時間は戻ってこないから、やりたいことがあるなら今すぐに頑張ることを始めたい」という気持ちで、継続できる範囲で進めているだけなんです。継続するための工夫もたくさんしています。

あと、私は基本的に小心者なんだけど、最後の最後で「なんとかなるっしょ」と思える性格のおかげで、頑張りやすいのかもしれない。本当にやりたいことだったら、迷わず、早めにそれめがけて努力を始める。チャレンジングなことでも「やっちゃおう！」と決められる。最後は「なんとかなる」気がしてるから。

意外と楽観的なんです、私。

時間の
大切さを知った、
ある朝の出来事

That morning when I learned
the importance of time

● OKISLIFE ABOUT ME 02 ●

人間はいつ死ぬかわからない！　いつ人生が終わっちゃうかわからない！　それなら「いつかやる」なんて言うんじゃなくて、決めたならすぐやろう！　決めたならすぐ取り掛からないと時間がもったいない！　私はそういう考え方です。

その考え方のベースに、お母さんの存在がおそらくあります。

母は、私が6歳のときに、心臓病で突然亡くなりました。母は健康診断に行けていなくて、母が病気だなんて本人も私達も知らなかった。私と1歳の弟はその日、たまたま祖母の家に泊まりに行っていました。母と父が家で2人きりの日でした。なかなか母が起きてこないから父が様子を見に行ったら、既に亡くなっていたみたい。

もう、めっちゃ急で。当時の私は全然理解できてなかったと思う。でも父がおばあちゃんちに迎えに来てくれたことや、駅か何かのベンチで「お母さんが亡くなった」と聞かされてすごく泣いたことは覚えています。

きっとあの日、眠りにつくときの母はまさか自分が明日死ぬとは思ってなかったはず。きっとまだまだやりたいこともあったと思う。そう考えると、私だってこの先何年後もずっと命がある保証なんて全くないんだよなぁ。そう思うから、私はチャンスがあれば、やりたいことにはできるだけ早く挑戦するようにしています。

1日1日を無駄にしたくないから、時間を意味なく無為に吸い取られるようなことも苦手です。

その大切さを、小学生のときに不意に知ってしまったから、私はすごく「時間」を大事にしているのかもしれません。

「ミヤネ屋」見ながら不登校

I was watching Miyaneya and missed school

● OKISLIFE ABOUT ME 03 ●

中学2年生の頃、私は半年くらい学校に行っていませんでした。夏休みが終わって急にダメになり、そのまま不登校。はっきりとした理由はわからなくて、いじめとかそういう大きな出来事のせいではなかったことだけしか覚えていません。

突然嫌になってしまって、「行かなくてよくない？」と思ったんです。父も「じゃあ休めばいいんじゃない？　行きたくなったら行けばいいよ」と言ってくれていたので、私は休むことにしました。何をするでもなく、毎日家に1人でいて、ずっと「ミヤネ屋」を見て過ごす。ミヤネ屋がない日は録画したミヤネ屋を見て過ごす。なぜかそんなミヤネ屋漬けの毎日を送る不登校生活。

最初の頃は担任の先生が家まで私を迎えに来て学校に連れて行こうとしてくれていたけれど、「嫌やから来んとってほしい」とお願いしました。担任の先生は、元気で優しくて、大好きだったんです。けど、あのときの私は、どうしても学校を休みたかった。

今思えば、あれはリフレッシュしてたんやなあ。

なんとなく長めの休みがほしくなったのかも。当時、父が「チャージ期間や、元気をリセットする時間は必要だよ」と休むことを尊重してくれたのはありがたかったです。父は今もずっと同じようなことを言っているので、もともとそういう考え方なんだと思います。

そして、私もそういう考え方をする大人に育ちました。いまだに、人生に最も必要なものは「サボる日」だと思っています。毎日勉強計画を立てて、計画通りに動いて、勉強にバイトにと忙しく過ごす日々に、いちばん必要なものは「サボる日」です、絶対。

サボってOK、後で帳尻を合わせられるから大丈夫と思えているのは、不登校でも学生生活がなんとかなったことも影響しています。

「エネルギー充電したい」みたいな理由で、学校を半年間お休みする。それくらいのゆるさがあるほうが、人生トータルくらい長い目で見たら、頑張れる量は多くなるんじゃないかなぁ。

不登校のきっかけがゆるかったからか、登校を再開したきっかけもゆるかったです。給食がきっかけだった気がします（笑）。ふとしたときに、「なんかもう休まなくていいかな」と思って、給食食べたいな〜と登校。いきなり教室に行くのは勇気がいるので、先生に相談して保健室登校に着地。その後、私が登校するとき用の個室を作ってもらえて、そこで1人で勉強していました。そのうち個室に友達が遊びに来てくれるようになって……。人間関係のせいで不登校になったわけではなかったので、友達みんなが来てくれるのも心地よかったなあ。

ちなみに、不登校だった半年間は、まるまる全く勉強していませんでした。その期間は勉強がちょっと遅れちゃった。登校を再開してしばらく経ったある日、先生から「高校受験するならこれからしっかり勉強したほうがいいよ」と言われ、私もそうだなと思ったので、中学3年生に進級するとともに、教室に復帰。

そして「中3で勉強の遅れを取り戻すぞ！」と決めて、しっかり取り戻せた。これが「サボっても大丈夫」の成功体験になっている気がします。「なんだか学校行きたくないいんだけどなぁ〜」とモヤモヤしながら通い続けるより、思い切って半年お休みするやり方が、私には向いていた。

疲れたらすぐにサボって、後から「そのぶん頑張るぞ！」と邁進する。そのほうが、私は頑張れる。集中できる。そのことに気づけたのが、不登校体験だったんです。

この「サボっても休んでも大丈夫」の成功体験って、今までの人生でも、これからの人生でもけっこう大切になってくる気がしています。

第1章 Okisvlogに映っていない私のこと

私、実は、
めっちゃ体力あります

I'm actually
super physically fit

●OKISLIFE ABOUT ME 04●

私は物事を根気よくやることが得意なほうだと思います。根気に必要なものはメンタル……と考える人が多いかもしれませんが、同じくらいフィジカルも大事だと思います。物事をやり切るには、気合も必要ですが、疲れない体力もとっても大事。

そして私、実は、めっちゃ体力あるんです。

まず、父が元お相撲さんで遺伝的にもパワーがあるほう。中学時代はバスケ部に所属しながら駅伝にも出場していました。

そして高校時代で、さらに体力がついたんです。家が田舎で、ほんまにキツい坂の上、もはや山の中……みたいなところに住んでいたんですよ。そこから毎日チャリで40分かけて高校に通って、地獄の3年間を過ごしました。この環境だと嫌でも体力がつきます。

その上で弓道部に入り、帰宅後は曜日によって自分が当番の家事をやる。家事当番がない日はバイト。日曜日もバイト。当時の将来の夢がパティシエだったこともあり、空いた時間には趣味のお菓子作りも楽しんでいました。……こうやって書くと、高校時代の私って、スケジュールびっしりですね（笑）。これだけやっても「疲れた、しんどい」と思わない体力がありました。

1日や1週間のスケジュールをしっかり埋めつつ、いろいろなことをバランスよくやるコツは、高校時代に培われたのかもしれません。当時のバイトはめちゃくちゃ忙しい飲食店のキッチンで、「いかに効率よく作業できるか」を考えながら動くことについては、そこで鍛えられたと思います。10代で培った体力と、その体力を使ってたくさんの予定を効率よく達成してきたことが、今の私の基盤。

今は、たくさん歩いて運動不足にならないよう気をつけています。

私、実は、英語めっちゃ嫌いでした

I actually hated English with a passion

●OKISLIFE ABOUT ME 05●

父の兄（伯父）は国際結婚で、パートナーはオーストラリア人の女性。私はその人を「おばさん」と呼んでいました。そのおばさんは、私の人生に大きな影響を与えてくれました。

おばさんは学生の頃から母国で日本語を勉強し、日本に留学していたそう。大学卒業後にまたワーキングホリデーで来日、伯父さんに出会い、そこからずっと日本にいました。日本語検定を取って移住したそうで、日本での仕事は英検の面接官。日本語がペラペラでした。

そのおばさんと暮らすことになったのは中学の頃。母がいなくて、私と弟と父の3人では大変だろうと、父の兄夫婦が福岡からはるばる来てくれたんです。高校3年生まで2家族で暮らしていました。

おばさんは母国語が英語。あるとき「月曜日は英語の日にしよう！」と提案されました。中学生の頃だったと思います。

今でこそ英語が大好きで意欲的に学んでいる私ですが、当時は大の苦手でむしろ嫌い。成績は5段階評価の2か3……という状態でした。だからその、英語の日という英会話上達の大チャンスにも、中学生の私は「めんどくさ！」「日本から出る気ないんやから英語なんか話せんでいいよ～」と、激しく抵抗（笑）。

結局、おばさんだけは英語で喋るけど、私は日本語で話してOKというルールにしてもらいました。おばさんの英語のヒアリングだけはしなくちゃいけなくて、それだけでもけっこう大変でしたけど。

あのときしっかり会話しておけば、スピーキング能力がぐんと上がったかもしれないのに……本当にもったいないですよね。でも当時は興味がなかったからしかたない！

こんなに英語を嫌がっていた私が、英語に興味を持ったのは高2の終わり頃。きっかけは、おばさんのオーストラリア帰省でした。伯父さんと私は、2人でのこのこおばさんについていったんです。2人とも英語ができないのに。

そこではおばさんの親戚一同の集まりに参加しました。おばさんのお父様がなんと10人兄弟（！）ということで、実家に集まった人数がとてつもなく多い。80人くらいいたと思います。家の中に入り切らないから、キャンピングカーで来てそこで寝泊まりする家族もいて、規模がやばい。その人数でBBQをしたり、かまどで何か焼いたり、庭にプールを作ったり。お酒やご飯を片手に庭に座ってみんなワイワイ楽しそうに話していて、毎日パーティーみたいでした。

しかし、使われる言語は英語のみ。もちろん全くしゃべれませんでした。私と伯父さんは周りの会話についていけず、交ざれず。庭の端っこで「みんな何しゃべってるんだろうね」なんて2人で会話してました。周りの人も私達をなんとか仲間に入れようと声をかけてくれていたんですけど、もう全然聞き取れなかった（笑）。

でも、そんな状態でも不思議と居心地がよかった。言葉は通じなくても知らない人がやってきて食べものをめっちゃくれて「食べな」「どう？」「ダメ？」みたいなことをフランクに伝えようとしてくれて。自由な空気感がすごく好きだった。

これ、言葉が通じてたらどれだけ楽しかったんだ⁉

そう思ったら、英語ができないのが悔しくて悔しくて。あと単純に、みんながペラペラ英語を喋ってる姿を見て、シンプルにかっこいい！　と思った。だから勉強したくなったんです。帰国してから、「ちょっと英語やってみるかあ」と学び始めたら徐々にハマっていき、留学に憧れるようにもなり……現在の私につながっています。

今、おばさんの親戚たちと会ったら、きっとみんなとばっちりコミュニケーション取れると思う。いつかまた行きたいなー。

夢はパティシエ

My dream is
to become a pastry chef

●OKISLIFE ABOUT ME 06●

小学生の頃から大好きなお菓子作り。暇な時間を見つけてはお菓子を作り続けて、特技と呼べるくらいにはおいしいお菓子を作れる自信があります！　高校を卒業したら製菓の専門学校に行き、パティシエになるというのが幼い頃からの夢でした。

結局留学して英語を学んだ私ですが、高校3年生という受験シーズンに突入してもまだ、将来の夢はパティシエのまま。専門学校のパンフレットも取り寄せていました。

そしていざ「まさに今、進路を決めます！」というタイミングで、めっちゃ迷い始めました。そのときにはお菓子作りと同じくらい英語が好きになっていたから。製菓の専門にも行きたいけど、留学もしてみたかった。製菓と英語。専門学校と大学。ジャンルが違いすぎて比べるのも難しい。迷いに迷ったあげく、私は決めました。

よし、どっちもやろう！

なんて欲張り（笑）。でも2択あったら1つを諦めなきゃいけないってルールはないですもんね？

英語とお菓子作り、どちらのほうが趣味として続けやすいだろうか？　と、考えてみたら、お菓子作りだなと。英語は、きっとやればやるほど専門的になり、1人で学んでいくことは難しそう。お菓子作りは進路やお仕事で選ばなくても、1人で楽しく作り続けることはできそう。それならば、学校で学ぶのは英語にしよう！

という思考回路で大学進学を決めました。今は、海外の大学院に行く予定でいますが、趣味でお菓子作りもしています。予定通りです（笑）。

英語もお菓子作りもずっと楽しむつもりです。プロ並みとまではいかなくても、趣味としてお菓子作りも極めていきたいと思います。

Okisvlogを
始めるときの私

Me back when
I started Okisvlog

● OKISLIFE ABOUT ME 07 ●

大学2回生から3回生の新型コロナ感染拡大。それは大変なことがたくさんありつつも、新しくて楽しいチャレンジを発見する機会でもありました。

最初の緊急事態宣言が出る前後には、生活が一変。休校して、また休校が延び、勉強できず、外にも出られず、やることがなく、いつも動いていたい私の空き時間はどんどん増えていきました。

そんなときに、「じゃあ家の中でできる新しいこと、何かないかな？」と考えて、始めたのがYouTubeチャンネル「Okisvlog」です。もともといろいろな方のVlogを見ることが大好きだったし、憧れてもいた。じゃあ時間も余っているしやってみよう！　と思いました。やりたいことは、やる！

よく見ていたVlogが、なんてことない日常を動画にして、日記代わりにネット上に残しているみたいなものだったんです。私も普段から日記をちょいちょい書いていたこともあって、その日記代わりにやってみようと、軽い気持ちで手を出せたこともよかったです。

あと、顔を出さないタイプのVlogをよく見ていたのも大きかったかもしれません。私、実はめっちゃシャイで、人見知りで、みんなの前に出るのは苦手だし、人前で話すことも嫌い(笑)。でも、顔を出さないならチャレンジできるかも！　って。シャイな私にとって、発信を始めたことはとても大きな変化。

どれくらいの人が見てくれるか、なんてことは関係なくて、自分で何かを作ってそれをネットで公開するということ自体が、それまでの私にはありえないことだったんです。

ただの日記でただの趣味のつもりだったので、目標はなんにもなし。高校時代にやっていた、お弁当の写真を載せるInstagramくらいの感覚。友達とか家族とかが見て「元気でやってんな」と思ってくれたらいいな、程度のイメージでした。

だから最初は、知り合いにめっちゃ教えまくりました(笑)。そのかいあって、デビュー1日目で登録者数19人を突破! 私のVlogを19人もの友達が見てくれている! ってすごく嬉しかったです。

「なんか新しいことを始めたぞ!」っていうすごく大きなワクワクが、楽しかった。コロナ禍で時間が余っているから、「こういうやり方もあるのか」「ちょっとこれ試してみよう」なんて、ずっと動画を撮ったり編集したりしてました。そうやっても、登録者数は1人とか2人とかしか増えないしそれもみんな知り合いだったけれど、目的は自分のワクワク感だったから、楽しく動画を作っていました。コロナ禍の新しい趣味! という捉え方だったと思います。

だから、今みたいにいろんな方が見てくれる状況は、正直なところ全く想像していませんでした。友達以外の方もじわじわと動画を見てくれるようになって、動画を出すたびに5人、10人、50人と、友達以外で登録してくれる方が増えていって……。

今でも覚えている瞬間があります。モスバーガーで勉強しているときに、ふと自分のＹｏｕＴｕｂｅアカウントを見たら、登録者数が１０００人超えていたんです。嬉しくて、また友達に報告しまくりました。「１０００人超えたよ!!」って。

そのときに、せっかくここまで来たからどこまで行けるかやってみようかな？　って、挑戦心がむくむくと。

といっても学業を完全に優先しています。リサーチを始めるとか、ＹｏｕＴｕｂｅだけで生きていく道を考えるとかは全くなく、スタンスは変わらず趣味のまま。それぞれの動画が似ないように、編集を工夫する程度。「私の友達以外が見ても楽しめるチャンネル」を意識し始めた……くらいの感じだったと思います。

第1章 Okisvlogに映っていない私のこと

第2章

ライフスタイル

Lifestyle

サボるは
いけないことじゃない

Slacking off
isn't always bad

● OKISLIFE LIFESTYLE 01 ●

毎日勉強する計画を立てていても、「今日は調子悪い」「モチベが下がっている」みたいな日はどうしてもでてきます。昔は私もそういう日にも「やるって決めたから！」と、予定通り勉強していました。「決めたことができないと、計画が無駄になってしまう」「完ぺきにできない自分は最悪だ」なんて意地になっていた。でもその状態で勉強したところで、勉強の質はすごく下がってしまうんですよね。全然頭に入ってこない。

だから、「サボる」をマイナスに捉えないことにしました。中学生の頃、半年間も学校をサボったけれど、そのおかげで今までの人生トータルでうまくいっている気がしている。だから、バランスよくサボるのはいいこと。サボる日はチャージの日。やる気の波に乗れるタイミングを待つ。波がないときは諦めて次の波にそなえる。

1日のプランは立ってるのに、いざ机に向かったら「はーぁ、やる気出ない」という気分になる日もありますよね。そんなときは、もう「今日はやめ！」ってすぐ決めちゃう。これが私のよくあるサボりのパターン。今日は休んで、明日その分倍頑張ればいいやってなるべく早めに決め、切り替えて全力でサボります。次の日に遅れを取り返すためには「本当はやらなきゃいけないのにな〜」なんて考えて中途半端にエネルギーを使うわけにはいきません！　サボると決めたら、100％お休み。しっかり休むと次の日「あんなに休んだんだから今日はやらないと！」と自分を追い込みやすいのが◎です。次の日焦るくらいに、しっかりゆっくり休んじゃうほうがよし。

そういえば、この前もサボり日がありました。やることたくさんの週だったのに、ある日の朝、起きたら雨が降っていて、やる気が全部持っていかれちゃった（笑）。今日は無理だなと早々に判断して、好きなことだけやってダラダラした後、夜8時に就寝。次の日の朝5時に起き、前日とその日の分をちゃんと終わらせました。

あらかじめ休む日を決めておく……ということも大事ですが、突発的なやる気のなさに対応することも大事です。エネルギーがない日、頭に入ってこない日は突然やってくるものだから。計画時にはやる気があったとしても、できない日はできません。だから、勉強計画を立てるときには「やる気の出ない日も絶対にあること」を踏まえて、詰め込みすぎないようにしています。私は、毎日のタスクを「普通にやっていれば1日で終わるな」という少し余裕がある量、元気があれば次の日の分にも手をつけられるくらいの量にしています。逆に言えば、元気がない日はやらなくても次の日に巻き返せるくらいの量です。常に100％の力を出せる設定で計画を立てると、1日つまずいただけで計画は総崩れです。やる気をなくすどころか、風邪で熱を出すこ

無理せず、サボると……

リフレッシュして、快適に勉強できる

ともできません。

計画を立てるときに、「絶対このスケジュール通りのままにはいかないぞ」「自分は絶対サボるぞ」と考えている人は少ないような気がします。でも、それを考えておくことこそが、毎週のスケジュールをしっかりとこなす秘訣だと思っています。人間はサボるもの。自分が計画した通りに毎日頑張り続けるなんて絶対に無理。

中学校時代の半年不登校の後、1年で勉強の遅れを取り戻せたことが自信になっています。数日サボったところで取り返せない勉強なんてないはず。むしろ休まず続けて息切れするほうが復活は大変かも。

スケジュールはサボらないように管理するんじゃないんです。サボっちゃっても大丈夫なように管理するんです。

人生はやるかやらないか。「やる」と同じくらい「やらない」を大切にして、やめる決断をしていくことも大事なんだろうなあと思います。これからも胸を張ってサボっていきます。

普通って
普通じゃない

What we call "normal"
isn't normal

• OKISLIFE LIFESTYLE 02 •

「私は普通やからな〜」みたいに言うことがあるけれど、その「普通」って一体何なんやろ？　って考えてしまうことがあります。

例えば、両親がそろっていることは「当たり前」「多数派である」だと認識されている方が多いと思うのですが、「普通」なのだろうか？　早くに母を亡くした私にとって、それはむしろすごいことです。そんな「当たり前」のものを持っていない私なのに、自分のことは「普通やな」と思っている。なんか不思議じゃないですか？

ずーっと考えていて気づいたのは、私にとっての普通って結局「私しか持っていない普通」でしかないのかなって。母親がいないのが普通なのが私。計画通り勉強するのが普通なのが私。

他の人の普通と私の普通は全然違う。私が使う普通という言葉は、私の人生の上での普通であって、「いつもの私」くらいの意味なんです。「全人類に共通すること」や「大多数にあてはまること」という意味では「普通」を使っていない気がします。よく考えたら、他人に対して「この人普通（平凡）だな〜」なんて思ったことないです。

平凡な人なんて見たことないです。みんなどっか面白い。

むしろ私は、誰かに出会ったとき、その人の持つ「普通」を面白く感じます。その人が「普通」だと思っていることが私にとっては特別なこともあるし、その人にしかない、いいところにつながっている。

私にとって、普通とは「平凡」ではなく「個性」のことなんです。生まれ育った国や環境、聞いてきたもの、見てきたものによって、普通の意味はそれぞれ違います。だから、目の前にいる人が培ってきた特別な「普通」をたくさん知っていきたいと思っています。

?
私、
普通だしな～

LINEの友達は
30人

I have
30 LINE friends

● OKISLIFE LIFESTYLE 03 ●

私、友達めっちゃ少ないんですよね。顔見知りはいっぱいいるけれど、友達と呼べるのは数人しかいません。ＬＩＮＥの友達も30人くらい。でも私はその規模が心地いい。あまり大人数が好きじゃなくて、心の底から仲がいい人と一緒にいたい。本当に大好きな数人を大切にしていたいんです。

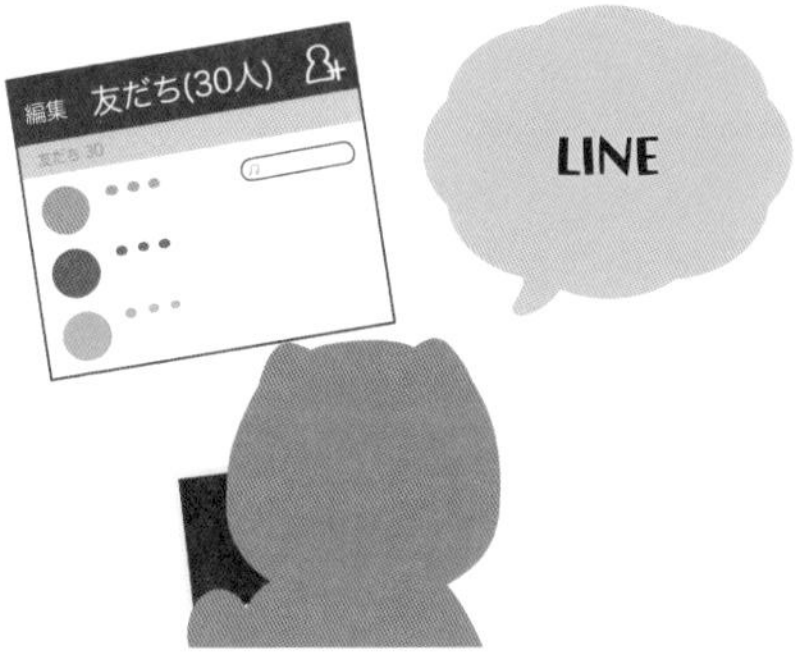

苦手な人とは一切関わりません。教室で会ったら挨拶くらいはするかな、程度。大きい飲み会にも行きません。ニコニコ笑って気を使い続けなくちゃいけない状況って、疲れちゃう。私は「新しい友達がほしい」という気持ちがないので断っちゃうのかも。今の友達で今の場所で満足していて幸せなので、自分に合わない場所にわざわざ行かなくてもいいかあ～って。どこかでたまたま起きた出会いで、大好きな人が増えてくれればラッキー。くらいの感覚。

「この人と行くより1人のほうが楽しいな」と思ったら、その後のお付き合いとか考えずに断ってしまうタイプ。人間関係は自己中心的かも（笑）。でもそれくらいでいいと思っています。

自分や本当に大切な人にエネルギーを使いたいので、他の人間関係は省エネルギーモードかもしれません。仲が深い友達でもなく、苦手でもない……分類で言えば「どちらかといえば好き」な相手との人間関係も、必要な分だけ。

誕生日には連絡するけど、それくらい。乗り気じゃない誘いは「用事があるからごめんね」と普通に断るし、断りづらいときも「夜に用事があるからお昼だけね」と短時間で終わらせます。相手からどう思われるかは、あんまり考えない。自分の心地よさ優先。それで嫌われちゃうかもと不安になることもないです。大好きな数人が強すぎて、その人達さえいれば大丈夫なので。そんな友達と出会えたことは本当にありがたいです。

大好きな友達には、1つも隠さない

I hide nothing from the friends I love

• OKISLIFE LIFESTYLE 04 •

最近仲のいい友達に会ったとき、「沖村しか友達おらん」「ここ2か月で会ったのあんただけや」と言われました。人間関係の感覚が似ているなぁと感じます。最後に「あんまり友達おらんけど、あんたおるからいいわ」とも言われた。考え方が一緒！

大切な友達に対しては「何か起きたら全部言う」が私のポリシー。隠しごとはしません。最近はバイトの時給が上がったことを伝えたし、登録者数が10000人超えた！　とかもそのつど伝えています。自分に起きた嬉しいことは、人によっては自慢と捉えられちゃうかな？　と心配するようなこともあります。でも、本当に仲のいい友達はみんな、私の嬉しいことは自分の嬉しいこととして喜んでくれるから報告しちゃう。

そうすると、みんなも私に対して何でも話してくれるようになるんです。私がばーんと何でも丸出しにしているから、話しやすいのかもしれません。

そうした友達と喧嘩になることも全くないです。喧嘩になりそうになったこともないし、「これを言ったら揉めそうだから」と何かを我慢したこともありません。

でも全員がめっちゃ性格よくてめっちゃ平和だからというわけでもない。人間だからいいところも悪いところもある。それが当たり前。大好きだから、悪いところも含めて受け入れたい。全部ひっくるめて大好きなその人だと思っているから。

ありのままでいてほしいし、ありのままを好きでいたい。だから自分を含めたみんなが無理せずそこにいられることが、私も友達も幸せなんだと思います。

TikTokは
即アンインストール

TikTok immediately
uninstalled

● OKISLIFE LIFESTYLE 05 ●

ＴｉｋＴｏｋ、1回入れてちょっと始めてみたんですけど、永遠に見終わらないので、おそろしくなってやめました（笑）。時間がＴｉｋＴｏｋに盗られる感覚がすごすぎる。面白いし、どんどん流れてくるし、適度なタイミングで止められない。投稿してみようと思ったのに、そこまでたどり着きませんでした。時間を守るためにはアプリをアンインストールするしかなかった（笑）。

私は時間を無駄にすることがとても苦手。なので、「これはやばい！」と気づいたらすぐに対策します。

特にSNSは意識して距離を取っているほう。X（旧Twitter）も以前はチェックしていたけれど、途中で「これ止まんないな」と気づき、少し遠ざけています。Instagramは、それでしか連絡できない友達がたくさんいるので一応やっていますが、頑張る気なし。LINEに登録している友達は大切な友達＋業務連絡をする人。30人くらいだし。ちょっとした知り合いにはInstagramで連絡するので、LINEには登録していません。

仲のいい友達も同じ感じでSNSを活用していて、日常的にやっているアカウントがある人はいないかも。

SNSってすぐ時間泥棒をしてくるので要注意！　と気を引き締めて暮らしているので、やりすぎることはないです。

そういえば、このあいだ帰省したとき、父がごろんと横になってずーっとなんか見よるんです。1時間2時間そのままごろごろしてて、何かと思ったらTikTokでした。注意しても「おもろいんやもん」だって。こんなんになりたくない！　と再確認しました。時間の使い方については、父は反面教師です（笑）。

「嫌われちゃうかな」とは思わない

I never think,
"They might hate me?"

● OKISLIFE LIFESTYLE 06 ●

私はすごく周りを気にするタイプでもあり、気にしないタイプでもあります。どういうことかというと、「嫌われちゃうかな」みたいな方向ではあんまり気にせず、「迷惑と思われないか」に気をつけます。

だから自分の将来のことに関しては、最後に思い切りよくなれるのかもしれません。私が何にチャレンジしようが、どの道を選択しようが、知らない人には迷惑がからない。知ってる人にだって、危害が加わることはない。それなら、ま、いっか、って。

何をやるかの決断は自分の気持ち優先でいいと思っています。周りを気にして何かを諦めたことはないと断言できます。

私の家は、そんなに裕福な家ではありません。でも大学を諦めるなんて考えませんでした。専門学校と大学で悩んでいたのも、金銭面は全く関係なし。単純に「自分はどっちがやりたいのか」という点だけで悩んでいました。父は最初から「行きたいなら大学に行ってもいいよ」と言ってくれていましたが、私はあんまり迷惑はかけたくないなぁとは思っていました。なので奨学金を借り、できるだけ親に金銭面での迷惑をかけないようにして、進学。海外の大学院も、たくさん調べて奨学金で通えるところを選んでいます。

私、大学受験、E判定でも諦めなかったんです。自分の適性や環境で何かを諦めることなんてきっとこの先もないと思います。私が失敗しても、誰も傷つかないし！家族には少し影響があるかもしれないけれど、迷惑をできるだけ小さくすればきっと大丈夫。

今のところ、周りの人に迷惑をかけることは、私の「普通」で生きていればなさそうなので、気にせず何にでも手を出していきます。

アプリと手書きで2つも日記を書いています

I write a diary by hand and with an app

● OKISLIFE LIFESTYLE 07 ●

Ｖｌｏｇとは別に、自分しか見ない文字日記もつけています。日記って続けるの大変ですよね。私も三日坊主を何回繰り返したことか……。何度も挫折し続けた私ですが、今ではもう2年も日記を書き続けています。継続できている理由は手軽さ。その日の気分が選べる「ＭＯＯＤＡ」という、デザインがかわいい一言日記アプリを使い始めたら、続きました！　短いときは1～3文くらい、「書くのめんどくさい～」って日は、その日の気分に近い表情だけぽんって押しておいたら続けたことになるっていう、三日坊主にぴったりのアプリ。おすすめです。

2年前に日記をつけ始めたのは、「日記を書いておくと就活に役立つ」と誰かが言っていたから。アピールポイントが見つかったりするんかな？　と期待して始めたけれど、結局就活面ではそんなに使いませんでした。

でもつけてると楽しい。今はもう趣味で続けています。日記に書くのは、ちっちゃなこと。小さな幸せ、悲しみ、怒り、なんでも書きます。今日の日記に今書いておかないと、一生忘れちゃうだろうなってことを書いておくんです。もちろん「Ｖｌｏｇ始めた！」みたいな大きなことも書きますが、そんなこと毎日は起きないので、小さなこと多めになってきます。それがいいんです。

ふとしたときに読み返すと、「こんなことで悩んで落ち込んでたの、すっかり忘れてたな！」なんて気づきがあります。

忘れてしまった悩みを読み返すのは、メンタルにとてもよいです。次に似たようなことで落ち込んだときに「多分これもすぐ忘れるな」って思えるようになります。気軽にできるので、ぜひ。

最近はなんと手書きの日記も書くようになりました。仲の良い友達と「最近文字書いてないよな〜」って話になり、アンネ・フランクの話に飛び、「手書きの日記やったら何百年後とかにも残ってて、歴史の教科書に載ることもあるかも？」なんて盛り上がり、「じゃあうちらも残してみる?」と、友達と2人でスタート。

三日坊主防止のために、おたがいの日記を毎日写真に撮って送り合うという少し特殊なスタイルで始めたのですが、これがとっても楽しいんです。本当に自分だけのために、誰も見せないつもりで書いた日記の写真を、ＬＩＮＥで送り合う。

証拠として写真をもらうだけでなく、相手の日記への感想も送っています。「わかるわ〜」といってもらえる共感への喜びもありつつも、

「これについては私はこう思うなあ」なんて別の意見がもらえたりするので、発見があるんですよ。

私はなぜか手書きのほうが日記が長くなりがちです。手を動かして書くことで感情が整理されて、そのまま書いちゃうからでしょうか。

手書き日記はアプリの一言日記とはまた違った良さがあります。どっちも好きです。

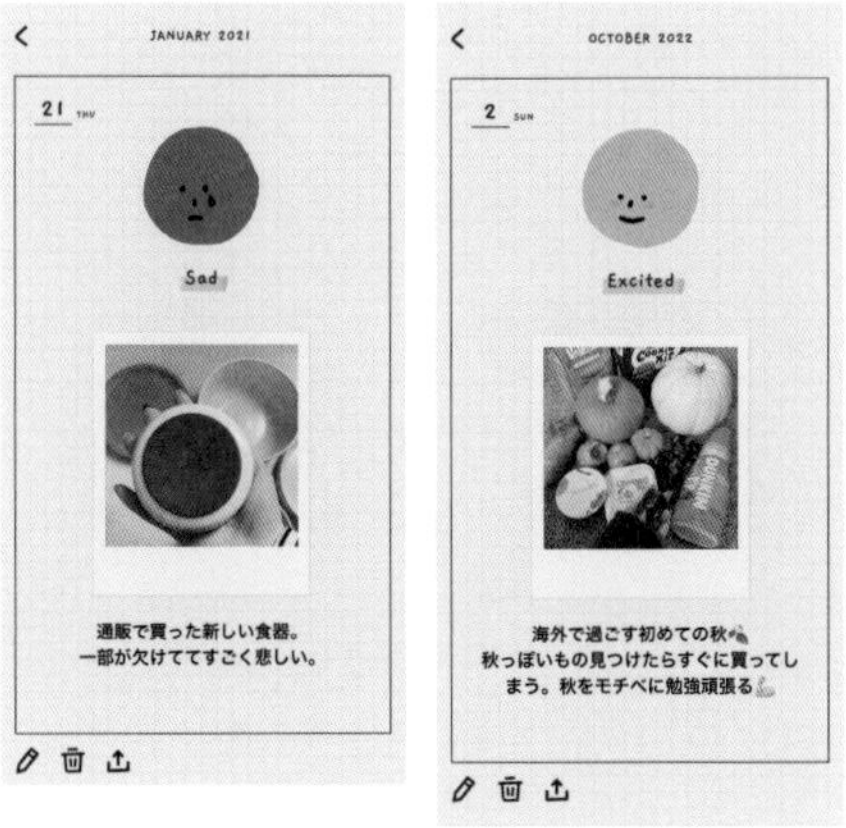

お金を使うのも、
お金を使わないのも、
ストレスフリー

Spending money,
not spending money: no stress

● OKISLIFE LIFESTYLE 08 ●

時間だけじゃなく、お金も無駄なことに使うのは好きじゃないです。不必要なところはできるだけ省きたい。でも、大切なところには惜しみなく使いたい。だから、お金を使わないことも、お金を使うことも、どちらもストレスにはなりません。

私が使うと決めているのは自分への投資。勉強の参考書を買ったり、オンライン英会話を始めたり。自分のためになることに関しては、価格を気にせず使うことにしています。

あと、お金を使うことは、自分を追い込んでちゃんと勉強するように仕向ける効果もあります。オンライン英会話の授業料やTOEIC、TOEFLの受験料を支払ったら、その瞬間からもうサボると損。そのおかげで「払ったんだからやらなきゃ！」と自分を奮い立たせられるんです(笑)。自分を追い込んで、勉強の効率が上がるから、コスパはむしろいい。「サボる」をマイナスに捉えていない私は、ついついサボっちゃいがちなので、そうならないためにもしっかりとお金を使います。「お金を使っちゃったからやらなきゃパワー」は私の勉強の強い味方です。

普段全く無駄遣いしないタイプだから、お金を使うことで奮起しやすいのかも。私は衝動買いを全くしません。何かを買うときにはいったん立ち止まって、「これだけのお金を出す価値があるのか?」をちゃんと考えることにしています。200円、300円ではさすがに考えないけれど、500円からは気にするかな。

一応蓄えもありますが、「これに使うぞ!」という何かが出てきたらどんと使う用。その何かが見つかったときに備えて、貯金しています。そこから貯めて時間がかかるのはもったいないので。

お金を出す価値があるのか？
と考えるのは500円から

大好きなマンガですら、お金を使わず手に入れる

I manage to get even manga
I love without spending any money

• OKISLIFE LIFESTYLE 09 •

息抜きのマンガと本にはお金を惜しまない……と書こうとして気づいたんですが、よく考えたら、大好きなマンガにお金を使ってないんです。私、Tポイントとデビットカードのポイントをめちゃくちゃ貯めて、そのポイントで惜しみなくマンガを買っています。ポイントは本とマンガを買うためにある！　といってもなかなか貯まらないのがポイントなので、そんなに大量買いはできないけど（笑）。

例えば、マンガや本は蔦屋書店で買うことが多いので、レシートで出てくるTポイント10倍などのクーポンは、取っておいて必ず使います。これはお得で嬉しいからやってるだけで、自分では節約とは思っていないのですが、周りから見ると節約ですよね。

自炊もそんな感じ。好きだからと節約したいからが半々。

「これは節約だ！」と思いながらやっていることは、歩くこと。家から駅までバスが通っていて、乗ると片道250円くらい。歩くと25分くらい。だから天気のいい日、荷物が少ない日はいつも歩きます。行きも帰りも歩くと500円。マンガ1冊買えちゃ

ポイントで
惜しみなくマンガを
買っています
COMIC

う。これは地味に大きいです。ちりつもですごく節約になって嬉しい。でも25分も歩くのは本当は嫌です（笑）。お散歩大好きだから趣味がてら歩いているわけではなく、「今日は節約しとくか〜」って思える日に、500円のためにしぶしぶ歩くんです。

私にとって500円は「これだけのお金を出す価値があるのか？」と考えるライン。そしてバスに乗ることは日によって「価値がある・ない」が変わるんです。疲れてるとか、荷物が多いとか、雨が降ってるとか、場合によっては500円出す価値がある。こうやって、その日の私が無理なくできる節約を続けています。

マンガ代は人生を明るくしてくれるコスパのよい光熱費

Spending on manga:
a cost-effective way to brighten up life

• OKISLIFE LIFESTYLE 10 •

少女マンガばっかり読んでます。日常生活で絶対ありえないことが起きるから、少女マンガって楽しいですよね。

好きなマンガ家さんは水瀬藍さん。小4くらいかな？　人生で初めて読んだ作品が、水瀬さんの『なみだうさぎ～制服の片想い～』で、「こんな世界があるんか！」って衝撃を受けたんです。絵がキラキラしてて、新しくて、未知の世界に出会った！　と感じました。そのときから今までずっと水瀬さんのファン。もう10年以上ですね。

小学生の頃はお小遣い制で、その額は1か月500円。当時は単行本が420円くらいだったので、毎月1冊ずつマンガを買っていました。1冊買うだけでお小遣いは終わるけど、それでもマンガを買えればその1か月は大満足でした。

大人になった今はパワーアップして、月に10冊ほど購入しています。いまだに純愛なみんなが幸せになる少女マンガが好きで、作家さんでいうと、やまもり三香さんとか森下suuさんとか。

自分自身の生活に恋愛要素が全くないので、マンガから摂取しているんです。というか逆に、読みすぎて現実ではできない感じになってきちゃった。私にはマンガみたいなことは起きないですから……。

といっても好きなのは「先輩と後輩」とかで、先輩彼氏が上の階の教室から降りてきて、後輩彼女の教室に迎えに来る……みたいなシチュエーションに憧れてるだけなんです。リアリティがなさすぎるものじゃないはず。でも、現実には、ない。なのでマンガを読んで、「これときめくー!」って妄想して楽しむのが好きです。

少年マンガだと、『名探偵コナン』が好きです! 父がコナンだけ集めていて、初めての少女マンガを買う前から、ちらちらっと読んでいました。特別に好きになったのはいつだったかなぁ、中2くらいかな。推理ものが好きなこと、コナンはけっこうライトに読めることがハマった理由です。ラブコメ部分も充実してるし、キャラクターも魅力的。私は松田刑事が好き! 松田さんは今、人気爆上がり中です。去年(2022年)映画でフィーチャーされたばかりです。

マンガは本屋さんで買います。表紙を見て面白そうと思ったものを、買うことが多いです。Ｘ（旧Ｔｗｉｔｔｅｒ）で話題になっているものやＡｍａｚｏｎのランキングで上位に入っているものも気になって買いがち。『大蛇に嫁いだ娘』とかはＳＮＳで出合ってハマりました。

マンガを電子書籍じゃなく紙で買うのは、本棚に並べたいからです。タイトルがばーっと並んでいる感じが好きで、眺めると幸せな気持ちになれるんです。

マンガは日々のごほうび。「寝る前にこのマンガを読むために今日はあれを頑張ろう」「今日の分の勉強が終わったらあのマンガを読もう」と、モチベーションを作ってくれるもの。やらなきゃいけないことの先にぶらさげて、「終わったら読んでいいよ」と置いておくイメージです。

中学生の頃、塾が閉まるギリギリまで受験勉強をして帰る日、迎えに来た父にローソンに寄ってもらって、当時人気だったクッキーの上にアーモンドがのってるやつとココアを買ってもらって、勉強のごほうびとしていました。その帰り道をモチベーションにすることで、受験勉強をものすごく頑張れたんですよね。今は同じような感覚で、マンガを1日の終わりにごほうびとして読んでいます。

マンガは私の毎日を照らしてくれるアイテムで、これがないと頑張れない気がします。私にとってマンガは、「人生を明るくしてくれるコスパのよい光熱費」。交通費のようには節約できません。私の生活では、マンガ代は必要経費です。

小説は
あとがきが好き

When it comes to words,
I like the afterwords

● OKISLIFE LIFESTYLE 11 ●

書籍も本屋さんや古本屋さんで買って読みます。読むのはだいたい小説です。新作は本屋さんで買うけれど、ブックオフみたいなチェーンの古本屋さんに掘り出し物を探しに行くのも好き。買いやすい価格帯で、興味のあるものはないかなー？　って見に行きます。

古本に限らず、リサイクル系のお店で掘り出し物を探すのがもともと好きなんですよね。メルカリ探索も好きですよ。

いちばんよく読むのは汐見夏衛さんの小説。透明感のある表現に引き込まれます。読んだあと、物語の中に帰りたいって思っちゃうくらい（笑）。

私はあとがきがないと物語を自分の中で完結に持っていけないんです。ラストを読んだときに「ここで終わっちゃうの⁉」「終わっちゃうのが惜しい〜！」と感じてしまうので、現実とのあいだにワンクッションほしい（笑）。めずらしいタイプなのかな？　汐見さんの小説はあとがきが毎回素敵なんです。その余韻で物語が終わったんだな〜って心地よい気分で読み終われる。そこがめっちゃ好き。

少女マンガと同じで、キラキラ、透明感、みんな幸せ、みたいな小説を読むことが多いかな。みんながハッピーなお話が好きです。

コナンと同じく、ミステリーや推理ものも大好きです。湊かなえさんの『リバース』が好きで、何回も読んでいます。

でも、小説は重たくて学びがあるものも読みます。特にたくさん持っているジャンルは、戦争の小説です。

読むたびにたくさんのことを考えます。

洋画・洋楽を鑑賞しない理由

Why I don't watch/listen to foreign movies & music

• OKISLIFE LIFESTYLE 12 •

私がマンガも含め、フィクションの物語を読んだり観たりする目的は、物語に没頭して現実を忘れるためです。ドラマや映画も観るのも同じです。でも1つだけどうしても楽しく観られないものがあって、それはなんと洋画です。英語を聞くと勉強脳が反応しちゃって、没頭できないんです。英語自体が気になっちゃって、泣けるシーンも泣けない。同じ理由で洋楽もあんまり聴けません。頭の中で訳そうとして、勉強モードになっちゃう。

英語の勉強を始める前は、洋画も楽しめていました。小さい頃は、「トイ・ストーリー」を字幕でめっちゃ観てたのに。今はもう訳が気になっちゃって、前みたいに楽しめない。英語を勉強し始めたことによる、たった1つのマイナス点かもしれません(笑)。

だから音楽は邦楽！　「SEKAI NO OWARI」が小5の頃から大好きです。おばあちゃんちで見た「ミュージックステーション」クリスマス特集で、「スターライトパレード」を聴いたんです。それですごいビビっときて。誰だこのグループは！　ってなったのが始まり。他のアーティストにはない世界観と、声が好きです。

私、小学生の頃好きになったものをずっと好きなんですよね（笑）。マンガもそう。「SEKAI NO OWARI」関連の出費もマンガと同じく固定費だと思っています。

聴くタイミングはマンガとは逆で、「今から頑張るぞ！」というとき。バイトの前にはいつも聴いています。「働きたくないけど頑張るぞ！」って（笑）。

ちなみに勉強中には流しません。音楽に気を取られて英語が入ってこないから（笑）。聴くとつい歌っちゃうんですよね。

人生で大事なもの ランキング！ YouTubeは第3位

Ranking the top 3 most important things in life! YouTube is Number 3

● OKISLIFE LIFESTYLE 13 ●

ＹｏｕＴｕｂｅは今も趣味です。始めたときから、ずっと自分の中での位置づけが変わらない。今はいろんな方に見ていただけるようになりましたが、これをお仕事にする方向は一度も考えたことがありません。

「更新しなきゃ！」「動画撮らなきゃ！」みたいな感覚がないんです。勉強が忙しくなれば放置しちゃうし。留学して忙しかったときは2か月に1回ペースにもなりました。

「ネタがないからどうしよう」と思うこともありません。何かやるときに気が向いたら動画を撮影して、ある程度分量がたまったら、時間が取れるときに編集する。みなさんが趣味の時間を取れるときをイメージしてもらえば、私が動画を編集するタイミングがわかりやすいと思います。身体を休める休日もちゃんとある上でさらに時間があるときです。

実は、自分のグッズを作ったときにお世話になったマーケティング会社に長めのインターンに行ったこともあるんです。マーケティングへの興味が湧きはしましたが、それを自分のVlogに役立てようという気持ちは全くでてきませんでした。これはこれ、自分は自分、みたいな。線引きがはっきりとありました。

Okisvlogとは、今の距離感がちょうどいいんです。ここから変えたくないなという思いがあります。今、私の中の優先順は1位勉強、2位バイト、3位YouTubeです。正直、私は勉強と仕事のほうが大切なままでいたいです。

私はなんとなく、YouTubeで生計を立てるんじゃなくて会社という組織で働いてみたいという思いがあります。社会に出て働いている人になりたいという思いがあります。そうしないと私はダメ人間になってしまいそうな気がしている……。Vlogは趣味でやっていることだから、それがお仕事になると、社会との接点がなくなりそうで。

自分のただの日記だから、お仕事感を入れたくないという気持ちもあります。プレッシャー0で、なんてことはない普通の毎日を、自分の好きなようにUPし続けたいなって。

今の状態だと、あんまりへこむことがないのもいいのかも。たくさんの人に見てもらえたときは「よっしゃー！」ってなるけど、いつもより見てくれる人が少なくても、好きで作ってるだけだと思っているからあんまりへこまない。メンタルを揺るがされることがない。趣味で、優先順位が低めだからこそ、これくらいの距離感でいられるのかなと思っています。

私のＶｌｏｇって、実は撮った動画はほぼ全部使っているんです。何かをするときに、いちばん最初らへんから撮って、じゅうぶんだなと思ったら止めて、それをつないで、ＯＰやＥＤやキャプションで整えておしまい。つまり、編集カットほとんどなしなんです。

何より、今の私のＶｌｏｇは「なんとなくやってたらこうなった」という形のものなので、お仕事として気合を入れ始めちゃうと全然違うものになっちゃう気がするんですよね。それって、私も見てる人も楽しくないですよね（笑）。

勉強を頑張っている私が日常を動画にしていたら、同じように勉強を頑張っている方が集まってきてくれたっていう、この状況がとってもハッピー。

とか言いながら、海外留学ではSNSマーケティングを学ぶんですけどね（笑）。でもそれは、お仕事として関わる何かのマーケティングを頑張るために学ぶこと。せっかく好きでやっていることだから、お仕事としても活かしてみたいなという感覚です。私のVlogに活かすことはないでしょう。

それはそれ、私は私。何があっても、Okisvlogは一生ただの日記です。きっと。

第3章

勉強

Studying

勉強の第一歩は
白紙の週間カレンダー
から始まる

The first step to studying begins
with a blank weekly calendar

• OKISLIFE STUDYING 01 •

中学3年生のとき、テスト期間になると毎回「テストまでの計画表を作りなさい」という課題が出ていました。白紙カレンダーのプリントが配られて、テストの日までどう勉強していくかを書くというもの。その計画表を書いたら、勉強が進めやすくてびっくり！

私が1週間カレンダーに勉強スケジュールを書いているのは、中学の課題からの習慣なんです。高校に入学しても、大学に進学しても、留学先でも、同じように勉強スケジュールを組んでいました。

長く続けているからか、計画を立てるのが得意になってきています。サボり方のところでもご説明した通り、モチベーションが下がったりハプニングがあったりして、サボりや休みがあっても、辻褄を合わせて完遂できるスケジュールを立てられるようになりました。

昔は今のようにできなかったんです。詰め込みすぎて目標の半分も終わらないような計画を立てていました。何回も失敗して「これは無理なんやなあ」と気づき、教科を分散させたり、余裕を持たせたり、自分がやりやすい計画の立て方を学んでいきました。自分が無理なくできる量をつかめたのも、しばらく経ってからでした。

計画をカレンダーに書き込むことのいいところは、やることを全て書き出せるところです。抜けてるところがないか不安になりがちな私は、やる範囲を全て紙に書き出すことで、安心を得ています。かわいいカレンダーに書けばテンションも上がるのも嬉しい。

ばーっと書き出して、テストの日までに終わるよう、余裕を持って配分していく。途中で無理な日があったら他の日に回すことで、1週間スケジュールの辻褄を合わせられるような、ラフで余裕のある計画を立てることがいちばん大事です！

「今日ダルい…」という身体の調子を優先

Prioritize your body's condition, such as "I'm feeling tired today..."

● OKISLIFE STUDYING 02 ●

睡眠大好きです。なかったらもう1日がダメ。頑張れない。どんなにバタバタしていても、睡眠時間を短くするのは最後の手段です。どんなに大変でも7時間は寝ます。徹夜はしない。それを前提として勉強計画を立てるので、テスト期間だってしっかり寝ています。

昔は寝ないで朝までやるぞ派だったんですが、大学3回生でどうやらこれも効率が悪いぞ、と気づいたんです。当時は留学前の授業が多く、それまでの勉強方法だと間に合いませんでした。だから徹夜で勉強していたけれど、眠気や疲れのせいでゆっくりしか進まなくて。困った私は、「試しに夜は寝て、朝やるサイクルに変えてみるか」と、1回早寝をしてみたんです。そうしたら朝のほうが頭がスッキリしていて集中できるし、内容もスッと入ってくる。そのとき、これがいいんか！　と思ったのが私の睡眠第一主義の始まりです。

あのとき、気づいたんです。睡眠の後から「頑張る」がやって来るんだって。どんなに気合があったって、睡眠不足の前では無力なんじゃないかなと思います。特に私はそうです。

私は、日中にちょっと眠いな〜と思ったときも、仮眠を取ります。15分くらいの短い時間でも、しっかりとベッドで寝る。だいぶスッキリして、集中できるようになるんです。ウトウトしながらやるよりも絶対に勉強が進みます。

モチベがなくて今日はお休み！　と決めた日に21時に寝てしまうのも、やる気は睡眠の後から来ると思っているから。サボり日は9時間睡眠にすることが多いです。たっぷり寝ると、朝から頑張れます。ねばって起きて勉強するのは、その日と次の日の効率を下げてしまってもったいないです。効率よく勉強したいならたっぷり、寝ましょう。

大きい目標を「1日あたり」にまで、細かく分ける

Cut big goals
into finer daily tasks

● OKISLIFE STUDYING 03 ●

私は大きな目標と今の自分のあいだに小さめの目標をどんどん立て、細かく達成してゴールに近づくイメージで勉強しています。例えば、TOEFLを受けるとなったら最初に思いつく目標は「○○点取る！」です。それがゴール。その後は、ゴールにたどり着くために必要な目標を立て、その目標にたどり着くための小さな目標を立て……とどんどん細分化していきます。「英単語が弱いからできるだけ覚える」→「1週間に100語は覚える」→「1日平均15単語ずつ覚える」みたいに。1日まで切り分けたらあとは毎日達成するだけ。例えばこの目標の場合、15単語は1日で確実に覚え、その日の終わりに小テスト。週の終わりに100単語を小テストしていました。

こんな感じで、必要な勉強について、1日あたりにやる量を決めます。例えばTOEICを受ける場合は、リーディングが難しいので1日のノルマに「1日に長文を1つ読む」が追加され、リスニングが必要ならば「1日に1問リスニングの問題を解く」も追加されます。

これに日々の学校の宿題や予習復習が加わると、増えすぎて1日では処理できないときも出てきます。そういうときは無理のないように「月曜日は単語とリーディング」

「火曜日は単語とリスニング」みたいな感じで分けていきます。単語は毎日やる計算で週100語なので欠かさず。リーディングやリスニングはノルマがないので振り分ける、という感じです。ゴール前の最後の週は実践問題もやるので、ちょっとだけ忙しくなります。リーディングやリスニングをやめて、過去問をやってみたり。そのあいだもずっと単語勉強は続ける。

このやり方が便利なのは、1日あたりの量だけではなく、1週間あたりの量も決まっていることです。1日15単語ができない日があっても、1週間で100単語覚えられればいいんです。元気な日にうまいこと帳尻を合わせればいいので1日くらいはサボっても大丈夫。しかも1日15単語なので、毎日きちんとやっていれば週に105単語覚えられる計算です。1日休んでも10単語どこかで取り戻せればOK。これが「余裕のあるスケジュールを組む」の具体例です。もちろん週105個覚えられるに越したことはないので、1週間まるまる元気があったときは105個覚えます。

ゴールまでに何をどれだけすればいいのかを最初に決め、そこから逆算して毎週・毎日の小さな目標を立てて、細かく達成していく。目標とスケジュールには少し余裕を持たせて、必ず達成できるようにする。このやり方であれば、息が切れるほど頑張らなくても、適度に休みながら、目標を達成できます。

「無心」と「自然」で自分を整えるための自由時間

Free Time with an "Empty Mind" and "Nature" to Gather Myself Together

● OKISLIFE STUDYING 04 ●

1日のスケジュールを立てるとき、自由時間をできるだけ作るようにしています。自由時間は私にとって「整える時間」です。勉強や仕事や悩みごとから、脳みそを切り替えるためのスイッチみたいなイメージ。とても大切な時間です。

例えば、私は自由時間にお菓子やパンを作ることがあります。これは、無心になれるから。生地をこねるときって、すごく一生懸命に、ただただ手を動かすから、他のことが頭に入ってこないんです。

「あれを明後日までにやらないと」「勉強の進み具合は大丈夫かな」なんて心配が頭から吹き飛んで、ただただ無心で生地をこねている。

たくさんやることがあるときほど、この無心の時間が効いてきます。

気温がちょうどいい時期は散歩に行く日もあります。1時間くらいスマホも触らず、公園のベンチに座っています。鳥を見たり、空を見たり、歩いている人を見ながら「こうやって歩いてる人もみんな楽しいことやつらいことがあって、頑張ってるんやなあ」みたいなことをぼんやり考えたりしていると、なんだか元気が出るんです。私も頑張ろーって。

この時間がとっても好き。大事です。

悩み事があるときも、散歩です。先日、人間関係で少し悩んでいたときも散歩に行きました。自分の思い通りにいかないことがあって、モヤモヤしていたんです。

でも、夕日がめっちゃ綺麗で。

「こんな夕日がきれいなとこ見れるのって幸せじゃん」と思えたんですよね。今のままでも幸せじゃん。幸せ感じとこ、って。

それと同時に、夕日という自分の力ではどうにもできない自然のでっかい謎のパワーを浴びて、「相手にも考え方があって、全く別の生き物なんだから、思い通りにいかないなんて当たり前やん」と思えて、すっきりできました。

「思い通りにいかない」ほうが自然なことなんやろうなー、みたいな。

そんなことを、公園にレジャーシートを敷いて、寝っ転がりながら考えていました。

地元の結構ちっちゃめの公園なのに、レジャーシートの上で昼寝。

もしかしたら、周りの人から「変な人おるなあ」って思われちゃってるかもしれません。でも、ただ寝とるだけやから、気にしないことにしています。迷惑はかけていないので、いいんじゃないかな？　という判定です。

人からどう見えるかより、自分のポカポカを優先して、自分を整えちゃいます。

私の24時間配分グラフ

Charting how I spend my time over a 24-hour period

● OKISLIFE STUDYING 05 ●

大学時代（平日）

基本スケジュール。バイトと授業があるので勝手にこんな感じになりました。必修の授業が9時から入ることが多かったです。22時~1時は自習。どんなに忙しくても1時就寝は守る。疲れる前に休むのが鉄則です。バイトがない日は空いた時間を自由時間&睡眠時間に。

● 平日バイトあり ●

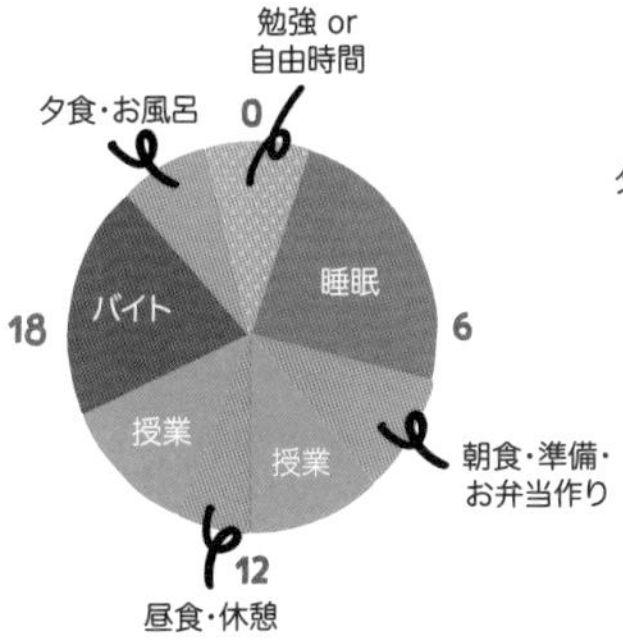

● 平日バイトなし ●

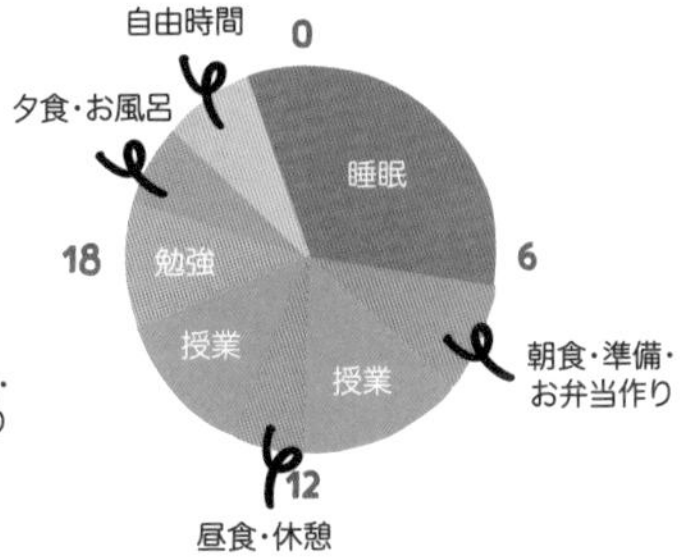

テスト前（平日）

お弁当作りはお休みして朝勉に充てます。テスト前は「やらなきゃ」という気持ちで追い込みをかけられるので、長めに集中できるのがいいですね。連続で勉強しすぎると疲れてしまうので、40分勉強→5分休憩を繰り返す自分に合わせたポモドーロ法をよく使っています。自由時間もちゃんと確保するのがポイント。

テスト前（休日）

私は朝のほうが集中しやすい体質なので早起きして勉強！　8時間勉強しても、ちゃんと自由時間もとれて21時には眠れる無理のないスケジュールです。遅れが出てもこの日にかなり挽回可能です。

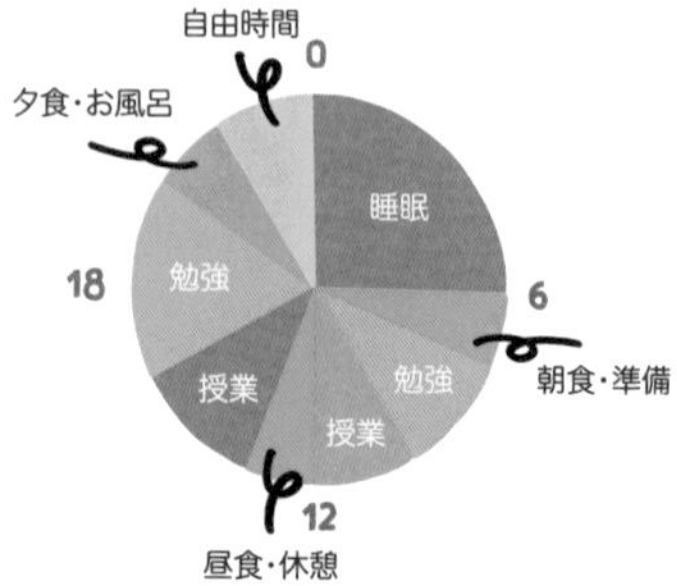

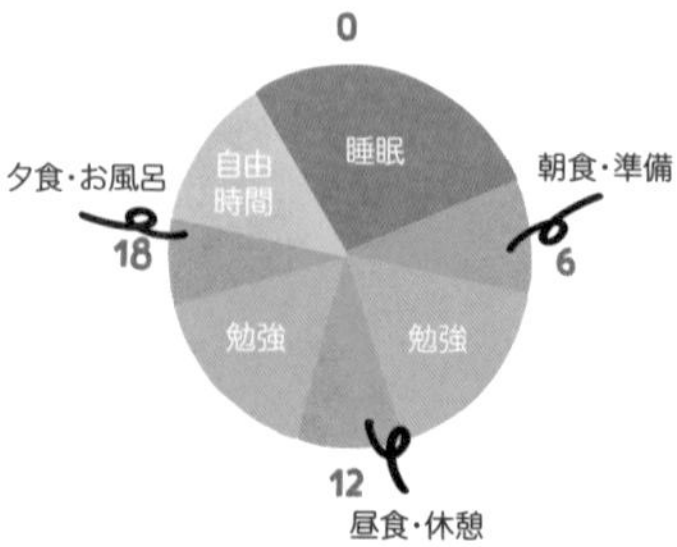

留学中（平日）

留学中は予習復習が大量にあって、日本にいた大学時代のスケジュールでは全くダメでした。自由時間と書いてあるところも、寮の自習室のような場所で勉強することが多かったです。

留学中（休日）

勉強しなきゃいけない休日はこんな感じで朝昼夜しっかり自習。しなくてもいい日は9時くらいに起きて遊びに行き、夕方帰ってきてから次の日の予習をするくらいでした。

● 留学中／平日 ●

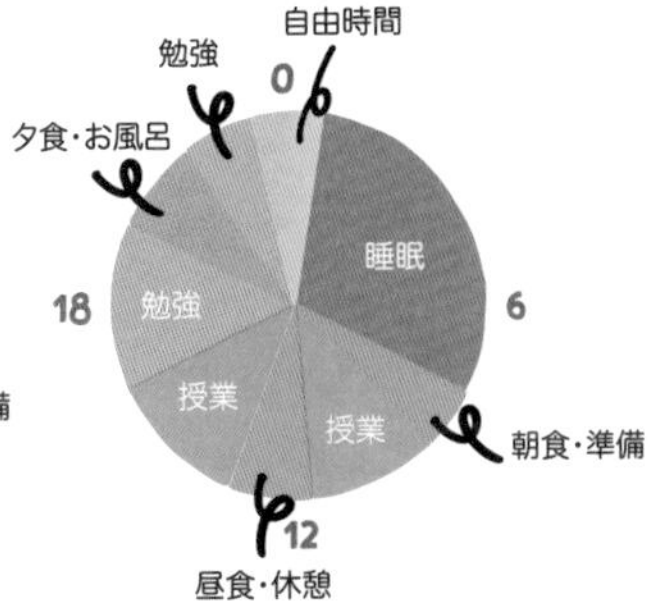

● 留学中／休日 ●

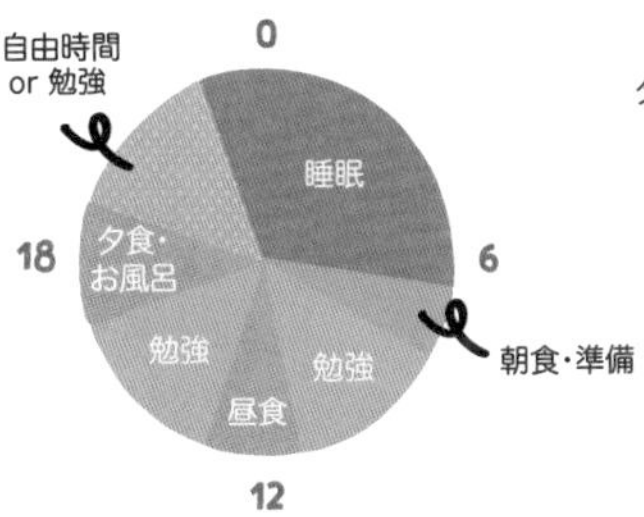

勉強は「かわいい」で進む

Studying proceeds with "Cute!"

● OKISLIFE STUDYING 06 ●

勉強へのやる気を出す上で、すごく大事なのが文房具。勉強道具がかわいいっていうのはでかい。めっちゃでかいです。

私は使いやすさより見た目を優先します。目に入るたびに「かわいい♪」と思えると、それだけでテンション爆上がりで勉強も進むってもので。特に紙ものはかわいさのみで選んじゃう！　今使っているToDoリストはカラフルで雲が描かれているもので、メモ帳も色がいっぱいのもの。使いやすさなんて考えません。

どちらも韓国の通販で購入したもの。安くてかわいくてテンション上がる文房具を探し求めて、いろいろなお店やサイトを見

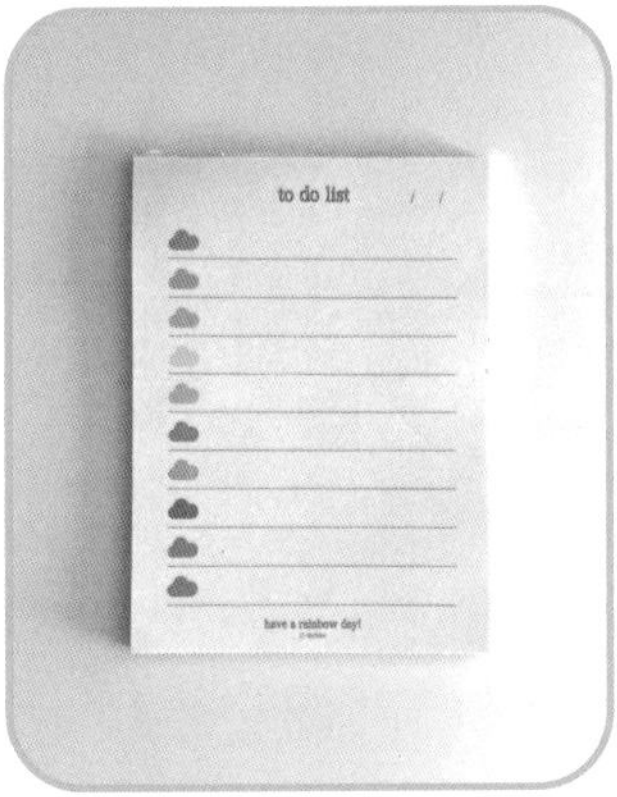

て行き着いたのが韓国通販でした。「second morning」っていうブランドがお気に入りです。同じサイトで買える「DINOTAENG」っていうブランドもすごくかわいいですよ。ぜひ検索してみてください。特に紙ものは韓国通販で買うことが多いです。安くてかわいいので。

でも、ペンやマーカーは日本製のものを選びがちです。書きやすいし、なんか安心感がある気がして。インクの出は日本製がかなり信頼できる気がします。もちろんペンも日本製の中からかわいいものを選ぶ！　基本的にカラフルが好きなので、いろんな色のペンを買います。限定カラーやコラボデザインにも弱いです（笑）。１００円、

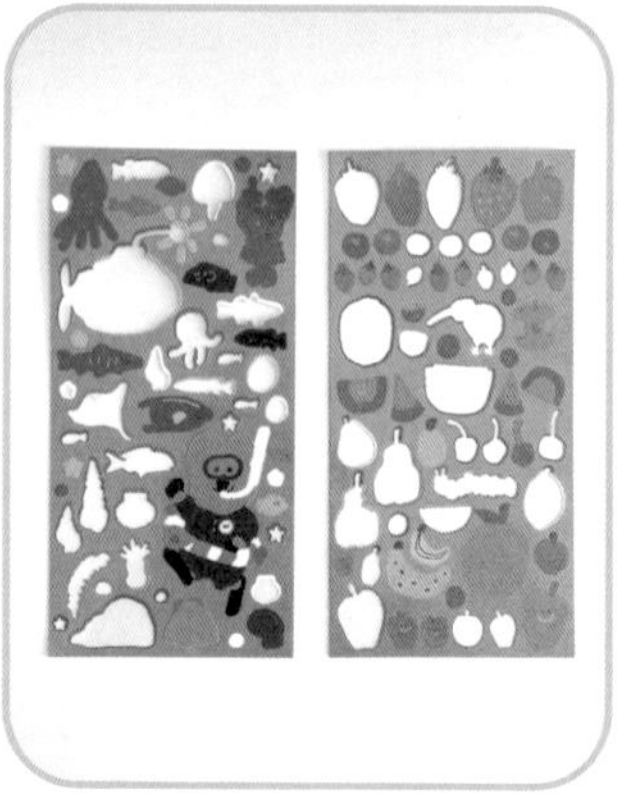

※掲載写真はすべて著者の私物です

200円で勉強時間が楽しくなると思えば安いので、ついつい買っちゃいます。見やすいかなんて関係ない！　シンプルで使いやすいものより、かわいくてテンションが上がるもののほうが、勉強のやる気に貢献してくれるので、文房具はビジュアル優先です。

ノートも成績も
タスクリストも、
全てはiPadに

Notes, grades and scores,
to-do lists all go on the iPad

● OKISLIFE STUDYING 07 ●

ノート、自分の勉強計画、Ｔｏｄｏリスト、テストの日程や範囲リストなど、勉強に必要なものはｉＰａｄにまとめています。

ノートを取るのはＭｉｃｒｏｓｏｆｔの「ＯｎｅＮｏｔｅ」というアプリ。シンプルで見やすくて、どこにどんな機能があるかわかりやすいです。資料を取り込んでそこに手書きもできるし、テキスト入力もできるし、とても便利。これは授業のノート専用にしていました。授業で教授がくれるスライドをアプリにペーストし、上から手書きをしたりタイピングしたりしてノートを取ります。このアプリで同じやり方の人、多いと思います。

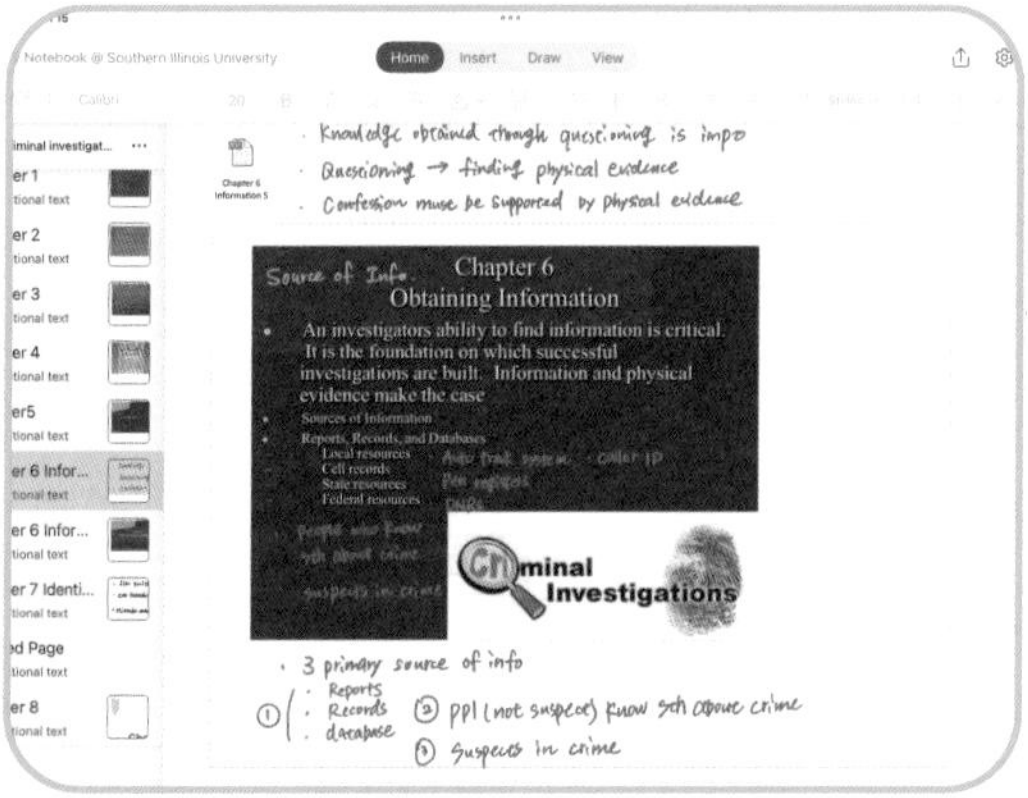

あと、私は予習するときに教科書の内容を一度要約してノートに書いていました。これはアメリカに留学したときに身についた習慣。向こうは先に教科書を読んでいる前提で授業が始まるんです。なので、さらっと読んで要約して授業に向かうようになりました。それからは日本に帰ってきてからも、あらかじめサクッと要約しています。

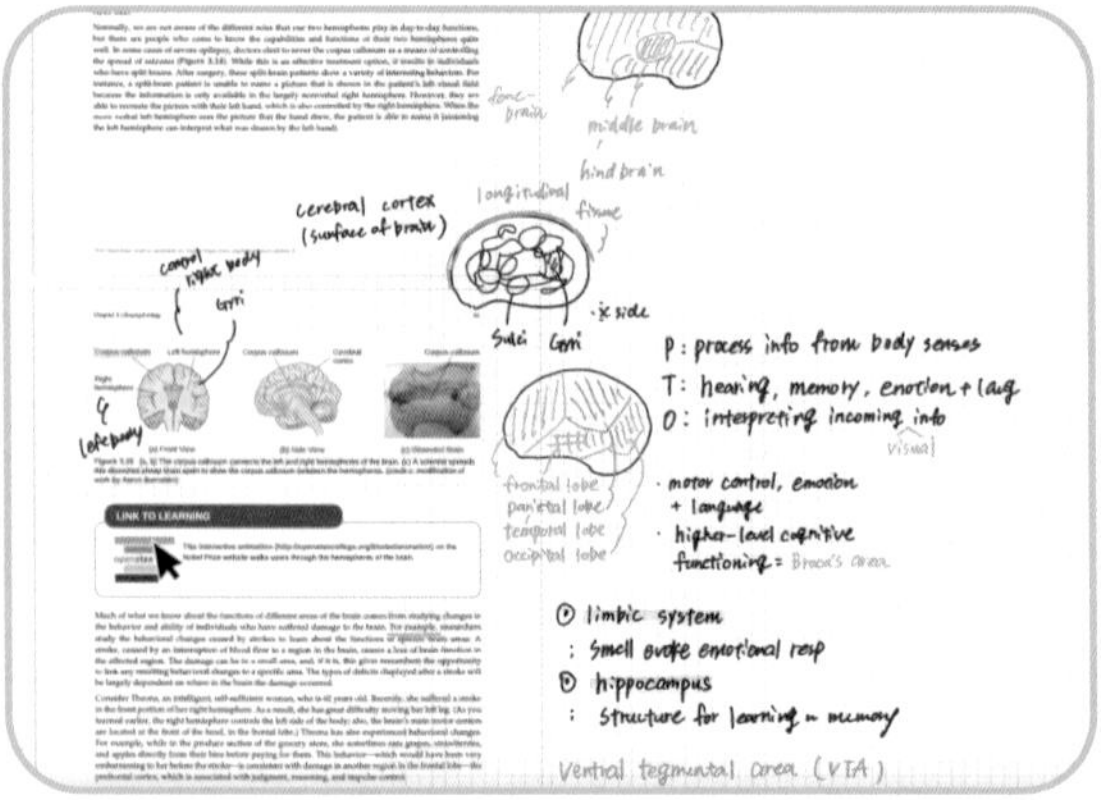

そして、その他のいろいろな情報をまとめているのは「Ｎｏｔｉｏｎ」というアプリ。カレンダーに提出日をメモ。リストを作りやすいので小テストのリスト、全ての成績を自分で一覧にしたもの、タスクリストもこのアプリで管理しています。そのタスクリストから細かくやることを分けたＴｏＤｏリストも一緒に「Ｎｏｔｉｏｎ」で作ります。

アプリとｉＰａｄがなければ私の勉強は成立しません。

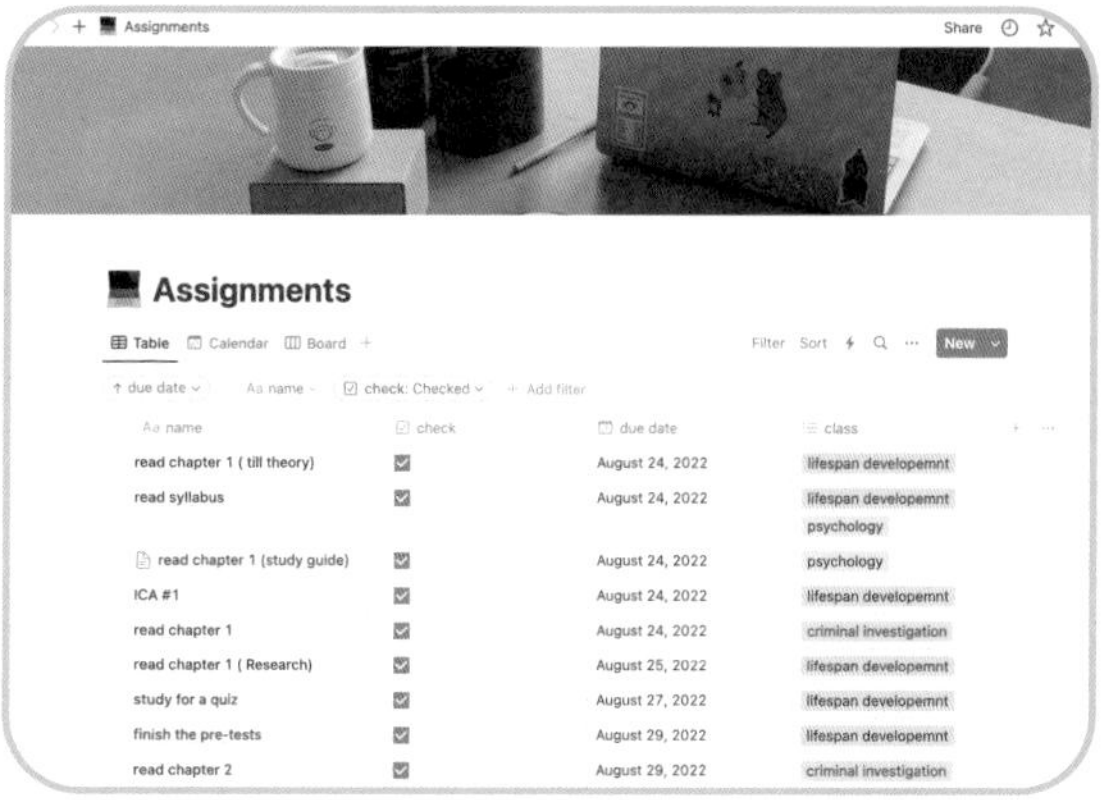

私は勉強が好きではありません

I don't like studying

● OKISLIFE STUDYING 08 ●

オーストラリアの親戚の家に行ったことにより火がついた英語熱。高2の終わりという遅めなタイミングで勉強が始まりましたが、当時の私は英語が苦手でした。
「英語を学びたい！」と思って勉強を始めたものの、最初は正直全然楽しくなかったです（笑）。いきなりハマって楽しくなったわけでは全くなく、カッコよく英語を喋れるようになるために修行しているようなイメージです。

実は、今も勉強に対する気持ちはそれほど変わっていません。
「英語を話せるようになる」とか「留学する」とか、そういう目標があって、それを達成したいから頑張っているだけで、勉強自体は……うーん、あんまり楽しくないんです（笑）。根っから勉強が好き！　みたいな素質はないし、ずっとガリガリ勉強やるぞ！　みたいな根性があるわけでもないんです。

勉強はやりたい仕事や夢を実現するために必要なもの。ゴールまでの過程に勉強があって、避けては通れない。好きじゃないからお休みをしっかりとるし、ごほうびにマンガが必要だし、ときにはお金を使うことで自分を追い込まなきゃいけない。勉強大好きな人間だったら、こんなことしなくても勝手にできるはずなんですよね。でもそうじゃないから、頑張り切るために工夫しています。なるべく嫌にならないように、そんな工夫を散りばめて、続けられるようにしています。

私がお伝えした勉強のやり方が「勉強は好きじゃないけど、夢のためにはやらなきゃいけない！」という人にちょっとでも参考になればいいな、と願っています。きっと、そういう人がほとんどだと思うので。

第4章

インテリア・ファッション

Interior/Fashion

部屋はごちゃごちゃに統一感を持たせる

Bring a sense of unity to room clutter

● OKISLIFE INTERIOR / FASHION 01 ●

Vlogを始めたときに私が住んでいたアパートの部屋は、壁が真っ白。家具や雑貨もそのまま白統一でかわいいかもなと思いましたが、ちょっと温かみのある色を入れたほうが落ち着く部屋になる気がして、このバランスになっています。床が茶色のフローリングだったので、白＋温かみがちょうどいい感じ。

家具の色は白と茶色、素材は木がメインです。食器類は白が多くて、色があるものを買うときもトーンをそろえるようにしています。マグカップはスタバ、その他の食器はSeriaなどの百均です。他の色のものを買うときは、部屋を思い浮かべて「他のものと合うかな〜？」と想像して、

しっくりくれば買います。

そうやって統一していても、かわいい小さいものをたくさん買ってしまうんです。今はぶんたんっていう絵本のキャラがお気に入り。もうめっちゃ買っちゃう。好きなキャラのガチャとか見つけたら絶対にやっちゃう。

その全部を好き放題置いてしまうとせっかくの統一感が消えてしまうのが悩みどころです。でも、飾りたい。なので、キャラものは置いていい個数を制限して、場所も机の上だけと決めました。

ペン立ての台の上と、小物入れの缶の上

と、デスクライトの下と、勉強用タイマーの横がキャラクターたちの定位置。そこに合計10匹くらいそのときのお気に入りを置いています。

ポイントは、本当にそこにいる！　という感じを出すこと。台の上でポーズを取っているとか、ライトの下で注目を浴びているとか、そのキャラの動きがちょっとイメージできるところに置くと楽しくてかわいいです。数の制限はけっこうちゃんと守っていて、別のキャラを置きたいときは交代させます。

でもマンガ棚だけは特別。コナンとクレヨンしんちゃんのフィギュアを大量に置いています。2年前、コナンのチョコエッグをケース買いしたんですが、それはさすがに多すぎて出しきれていません（笑）。部屋のバランスを崩すので封印してます。でも買っちゃうんですよね。好きだから。

あと、壁にもいろいろペタペタ貼っています。これはＩｎｓｔａｇｒａｍで勉強机の投稿を眺めていて発見！　かわいかったので真似しています。メモ帳とかふせんを壁にぺたってしてるの、かわいくないですか？　実家にいたとき、学習机の周りが汚かったので、一人暮らしではかわいくしたくて研究しました。部屋のインテリアや机

周りなんかは、こんな感じでＩｎｓｔａｇｒａｍで見かけて、いいと思ったものを少しずつ取り入れています。

そして、家具はほとんどニトリ。この部屋はニトリですすって言ってもいいくらいニトリです。一部ＩＫＥＡ。一人暮らしを始めるときにまとめて買ったものが多いです。

追加で買った家具は、本棚。最近、2つ目を買いました。もともとIKEAの本棚を使っていたのですが、あふれてきたので購入。それは楽天で買いました。

Instagramでかわいい本棚を見つけたのですが、調べてみたらちょっと高くて……。形が似ているリーズナブルなものを探してみたら、楽天で安いバージョンが見つかったんです。

かわいいものが好き。かわいいと思っても、それがちょっと高かったら「似た感じで安いものはないかな?」って探して買うのが好き。私の部屋は、コスパのよいかわいいものでできています。

※掲載写真はすべて著者の私物です

MEGA BOX
SUN CREAM

誰にも見せられない
引き出しの中

What's in the drawer
I won't show anyone

● OKISLIFE INTERIOR / FASHION 02 ●

毎日をそのまま載っけているOkisvlogですが、絶対に映さないと決めているものが1つあります。何だと思いますか？

それは、引き出しの中です！　引き出しの中のような見えないところは、まあまあ汚いんです。引き出しの1番上には大事な書類系、2番目には文房具、3番目には教科書を入れてるんですけど、ルールが「○○は×番目に入れる」っていうでっかい分類しかなくて、仕切りとかなしで順番も気にせずぽいぽい突っ込んでるんです。文房具の引き出しはペンもノートも分けずにごちゃごちゃ。

外から見えないからいいかなーと思っちゃうんですよ。入れる場所さえ決めておけば、探すのはかんたんだし。さっき「まあまあ汚い」とか書いちゃいましたけど、人によっては驚くくらいごちゃっとしてるかも……。本当に私けっこう雑で、引っ越したてのときなんて、コードをガムテープでまとめてたくらいなんです（笑）。

動画で部屋を出していますが、見えないところはごちゃごちゃ。物がいっぱいある部屋です。クローゼットの中は物置になっていて、上の方にどーんといらないものが置いてあります。

なんとなく取ってあるものばかりですが、捨てたいと思ったことはないんです。いつか必要になるかも！　と思うと捨てられない（笑）。昔の教科書とかノートとか、ずっとずっとクローゼットの上の方に置いたまま。物がない生活やミニマリストにはなれないなあと思います。物はある程度持っているほうが好き。安心する。

思い入れもあるし、いつか勉強に使う日がくるかもしれないので、飽きるまで全部取っておくつもりです。

トップス5500円、ボトムス6000円が上限額

My spending limit is 5500 yen for a top, 6000 yen for bottoms

● OKISLIFE INTERIOR / FASHION 03 ●

ファッションは着回しやすいシンプル系のカジュアルが好きです。Ｉｎｓｔａｇｒａｍでかわいいコーデを載せている方を見て、参考にしています。かわいめのワンピースや、がちっときめたコーデや、ヒールが高い靴なんかは全然着ない、履かない。スカートも少なめ。ほとんどズボンです。ビシッとしてると疲れちゃうから、リラックスして着ていられるスタイルが好き。この方向性がブレないので、買ったものにはどこか統一感があって、着回ししやすいです。楽ちんシンプル最高。

色は季節に合わせる派です。春だったら薄いピンクや黄色、秋だったらからし色や深緑。買うときは、その季節っぽい色かを重視している気がします。なんか、着たくなるんですよねえ。その季節に合った色。テンション上がりますよね。

あと、似合わないと思ったものは買いません。かわいいと思うから買ってしまおう……なんてことはないです。私の飾っていないコナンのフィギュアと同じで、持ってるだけで幸せ派もいると思うけれど、私は服に関しては「使いやすいもの＝お気に入り」なんです。服を買うときには着回せるかをしっかり考えます。

家具もそうですが、洋服もバッグも高価だとなんだか興味がわかなくなっちゃいますね。かわいいなーと思うことはありますが、高いものを買うことを考えると、「飽きたときもったいない！」とドキドキしちゃう。特に洋服はずっと着てると違うものを着たくなる性格なので、こわくて高いものは買ったことがないです（笑）。

このあいだ友達とセレクトショップに行って、かわいいコートを見つけました。ほしいな～と思って値札を見たら、18000円。さすがに無理だー！　と思って諦めて、家に帰ってネットで似たようなものを探して買いました。このあいだ新調した本棚と同じ買い方。私は買いやすい価格帯で買い物をするのが好きで楽しいみたいです。

すっごく気に入ったときでも、買う上限の価格はトップス５５００円、ボトムス６０００円くらい。どうしても欲しいくらい気に入って、「着れたらテンション上がるから買う！」「気に入ったものをお金を出して買ったぞ！」と思えるときの金額です。

普段は３０００円くらいのアイテムを、ワンシーズン３００００円分くらいまとめて買っています。たまに買い足すこともありますが、だいたいは「今年の冬はこのメンバーで行こう！」なんて一気に購入することが多いです。

ユニクロは最高。ＧＵや韓国通販の「ＨＯＴＰＩＮＧ」、「ｇｏｇｏｓｉｎｇ」もリーズナブルでかわいくて好き。

私はこの買い物の仕方がいちばん楽しいです。高いものが欲しくなることは、しばらくなさそうです。だって、何を着ても沖村なんで（笑）。高価なものやハイブランドで、私のパワーが上がる感じがしないんです。そういうタイプじゃないというか……。持ってる人を見てうらやましいな～と思うこともないです。

「このジャケットかわいいけど、マンガ20冊分だ……」とひるむし、買ってしまったら嬉しさよりも緊張が上回ってしまうし、それならマンガを20冊買ったほうがハッピーなのが私。

私は「かわいい服を安く買う」でパワーアップするんです！　他のアイテムが気になったとき、気軽に目移りできるから。そのお金で、マンガをたくさん買えるから。

父親譲りのファッションセンス

The fashion sense I inherited from my father

• OKISLIFE INTERIOR / FASHION 04 •

物の選び方や買い方は父似だと思います。父はシンプルなんだけどちょっとおしゃれ、みたいな人。小学生の頃、担任の先生から「沖村さんのお父さん、なんかおしゃれよね」と言われたこともあります。当時はよくわかっていなかったですが、昔の写真を見ると「お父さん、年齢の割に小綺麗にしとるな〜」と思います（笑）。服や部屋の感じは、そんな父を見て育ってきた影響が出ている気がしなくもないです。

父は物持ちがいい。捨てない。質のいい靴にお金をかけて長く使っているだけでなく、安いものも長い。大学時代に買ったという、よくわからんイラストの入ったスウェットを45歳になった今でも部屋着にしています。私が赤ちゃんの頃のアルバムの中で着ている緑の派手なパジャマも、20年経った今まだ着ている父。もうぼろっぼろなんですけど（笑）。節約家だし、無駄なものを買わないんです。私も物持ちがいいほうだし、無駄な買い物が苦手なので、父に似たんだろうなーと思います。

小さい頃から何か欲しがると、父から「それ本当に必要なの？」といつも聞かれて、父に必要な理由を説明していました。今、何かを買うときに1回立ち止まって考えるのは、いまだにその説明を考えているからかもしれません。

ただ、全てがめっちゃそっくりというわけではないようで、父は私の一人暮らしの部屋を見て「物多くね？」と言っていました（笑）。なので、今のファッションや部屋が完成したのは……なんでだろう？　物を大切にする中で、見つけた好きなセンスをちょっとずつ真似して、勝手に自然にたどり着きました。たぶん。

物持ちがいい父

お気に入り4点以外は
コスメもスキンケアも
福袋！

Besides 4 items I care about most, I get cosmetics and skin care products from lucky grab bags!

• OKISLIFE INTERIOR / FASHION 05 •

お肌が強いおかげもあって、コスメやスキンケアにこだわりはあんまりないです。買い物に行ったときに安くなっているものがあったら買い足しとく、みたいな感じで購入します。

好きだから使い続けているものもいくつか。化粧水と乳液は無印良品の敏感肌用、パックはCICA、マスカラ下地はエテュセ。この4つはずっとリピートで、あとはバラバラです。

日焼け止めや美容液は、韓国コスメの通販サイト「Qoo10」で、セール時期に「メガビューティーBOX」という1万円ぐらいでめちゃくちゃ入っている福袋みたいなのを年1で買って、そこに入っているものを1年かけて使います。コスメも同じようにQoo10でまとめ買い。いろんなブランドがごちゃごちゃで入ってます。ドラコスも買いますが、デパコスは1個も持っていません。ここもコスパ重視。

どちらかといえば、メイクは面倒くさい派（笑）。1人で出かけるときなんて、マスクするからいいや～って顔の上半分しかメイクしません。お友達と出かけるときだけはちゃんとします。なるべくメイクしたくないなって感じです。

だからメイクのしかたはもうずっと一緒。バイトに行くときも、遊びに行くときも、おんなじです。

日焼け止め＋パウダーでベースメイクは終了。ピンクベージュのアイシャドウをさらっとぬって、目尻にだけアイライン。マスカラをして、オレンジのリップをぬって終わりです。所要時間10分。眉毛は月1でサロンで整えて何もしなくていいようにしています。

今いい感じだからこれでよし。メイクは楽重視。追求したい欲もなし。慣れてる方法でなるべく早く、が好きです。

髪型については全く冒険しません。冒険して失敗したらめっちゃテンションさがりそうやし、今の髪型でＯＫ！って感じです。髪型で心を乱したくない（笑）。

なんで今の髪型に落ち着いたのか考えていたら、ひとつ発見がありました。それは「人に褒めてもらった」ということです。

私は中学でバスケ部を引退してから、ずっとロングヘア。理由を考えてみたら、友達から「ボブよりロングのが似合う！」言われたからのような気がします（笑）。

そして髪色はずっとブルーブラック。これも「肌の色が白く見える」と褒めてもらえて、ずっと同じ色。多少伸びても色の差が気にならないのもいいところです。

髪の毛の巻き方も「顔が小さく見える」と言われたから、最近お団子が多いのも同じく「顔が小さく見える」と言われた&楽だからです。よく見えるんならずっとこのまんまでいいやん！　って思っています。

「褒めてもらった&楽ちん」でたどりついた今の髪型。

かなり安定していて平穏なので、きっとずっとこのままです。

メイクは
楽重視

第5章

料理

Cooking

自分で作った料理が
いちばんおいしい

The meals I cook myself
are most delicious

●OKISLIFE COOKING 01●

母がいなかったこともあり、小さい頃から料理をする機会は多いほうでした。小学生の頃から、かんたんな自分用お昼ご飯を作っていた記憶があります。中学生になってからは、よく夜ご飯の料理を担当していました。伯父夫婦が引っ越してきてからは作ってもらえるようになってすごく助かりました。

高校生のときにお弁当が必要になり、父と自分の分を作るようになって、また料理を再開しました。高3で伯父が亡くなり、おばさんがオーストラリアに帰国したので、そこからも当番制で夕飯を作っていました。

夕飯を作り始めた頃は、めーっちゃ手間取った！　でも小学生の頃からお菓子作りをしていたこともあって、目も当てられない大失敗みたいなことはなかったと思います。数をこなすうちにだんだん慣れていって、料理はわりと好きやなあって思えた。料理だけ向いてたんやと思います。掃除と洗濯は面倒くさいので（笑）。

一人暮らしを始めてからは毎日自炊しています。節約のためもあるけど、やっぱり料理が好きなんだと思います。1日ずっと勉強や仕事でつかれたーって帰ってきたときも、「よし、夜ご飯作ろ！」ってなれます。1週間分の食材をまとめて買ってあるので、外食すると家の食料が腐るという問題も理由としては大きいですが、外食を我慢しているわけでは全然ないです。もう、はっきり言っちゃうと、私、自分の作るご飯が大好き！

外食も大好きだし、なんとなく食べるマックもめっちゃおいしい。けど、やっぱり好きなのは自分で作った料理の味だなーって。食べ慣れている自分の味が、いちばん落ち着きます。

好きなのは
自分で作った
料理の味

「買い物は週2回」が自炊のルール

"Shop twice a week" is my cooking rule

●OKISLIFE COOKING 02●

献立は、週単位で考えます。食べたいものを食べる方式ではありますが、買い物だけにちょっとしたルールがあって、私はこの方法が食材を無駄にしにくく、作りやすいです。

❶週の頭に3日分の夜の献立を考える
❷材料をちょっと多めに買う
❸3日間料理をする
❹4日目に残りの食材を確認して、それを上手く使えるようその日と残り3日分の献立を考える
❺足りない材料を買う（できるだけ少なめに）

基本的には❷と❺の2回の買い物で、1週間を過ごしています。お弁当は夕食の残り物をメインにすれば楽です。朝ご飯は、夕食用とは別で買ってきたフルーツやパンなどを食べることもあります。

一人暮らしを始めたとき、「1人分の自炊ってこんなに野菜余るんや！」ってびっくりしたんですよね。それを極力なくしたいなぁと思って、編み出した買い物ルール。

最初の3日間は好きな献立を食べて、残りの4日間は余った食材でしのぐ。この方法だと冷凍もあんまりせずに、週ごとに食材を使い切れるので気持ちいいです。

材料を使い回しやすい献立を考えているわけでもなく、適当。最初の3日間はＩｎｓｔａｇｒａｍなどのＳＮＳでたまたま見つけて食べてみたくなったレシピを作ることが多いです。

好きなメニューだから繰り返し作っちゃうものはあります。例えば野菜を豚肉で巻くやつ。肉で何か巻くのが好きなんです。しかも、余っている野菜を巻けばいいので、後半4日間のレシピにぴったりなんです。おいしくて、便利。強い。

週の後半によく作るものといえば豚汁です。余った野菜は、迷ったら全部豚汁にしてしまえば終わり！　全部ぶちこむだけでおいしくできあがり、野菜ロスもなし。困ったときは豚汁だと気づいてから、自炊がかなり楽になった気がします。一気にいけるのがいい。こっちの大根は煮物にして、あっちの人参はピーラーでサラダに……みたいなのって、面倒じゃないですか。お鍋に全ての野菜をぶちこんだら解決、というのは最強です。

材料

- 豚肉（安く売られているスーパーを見つけたので、最近は豚肉料理が多めです）……450g
- 卵……1パック
- ひき肉……200g
- もやし……2袋
- ほうれん草……1袋
- 人参……2本
- にら……1袋
- ピーマン……1袋

Monday

月曜日

3色丼

- ナムル（ほうれん草・もやし・人参）
  ……もやし1袋・人参1本・ほうれん草3株
- 豚or鶏そぼろ……ひき肉200gくらい
- 炒り卵……卵3個
- キムチトッピング（あれば）

ナムルとそぼろは
多めに作っておくと
お弁当のおかずにも
できるので便利！

そぼろは卵焼きに
入れてもおいしい

Tuesday

火曜日

3色丼

2日目も昨日と
同じメニュー

作った量が多かったら
3日目も3色丼でいける

一人暮らしだと
だいたい余る

Wednesday

水曜日

豚肉もやし蒸し

- 豚肉……150g
- にら……2束
- もやし……1袋
- 酒……大さじ1.5
- 塩コショウ……少々

▶ 全部をフライパンに入れて8分蒸す
▶ 食べる前にポン酢をかける
▶ 少しお弁当用に残す

水曜日あたりから
疲れてくるので
時短レシピ

Thursday

木曜日

ピーマン豚肉巻

- 豚肉 …… 150g
- ピーマン …… 5個
- 焼肉のタレ …… 大さじ1.5
- 塩コショウ …… 1.5

▶ ピーマンに豚肉を巻いて耐熱の器に入れる。
▶ 塩コショウ、焼肉のタレを入れて600ワットで6〜7分加熱

木曜日も時短レンジレシピ

3分でできる最強レシピ
お弁当用に少し残す

週の真ん中で足りない材料があれば買いに行きます!

- 長ネギ …… 2本
- ごぼう …… 1本
- えのき …… 1袋
- こんにゃく …… 1袋
- 里芋(冷凍) …… 1袋

Friday

金曜日

最強豚汁

- 豚肉 …… 150g
- 余っている野菜 …… 好きなだけ
- ごぼう …… 1本
- えのき …… 100g
  こんにゃく …… 1袋
- 里芋 …… 100g

余った食材は
豚汁にすると
全て解決する

金・土・日は
これで大体なんとかなる

夕飯の残り物のおかずを使ったお弁当❶

夕飯の残り物のおかずを使ったお弁当❷

同じものを連続で食べることが気にならない性格もラッキー。豚汁をお鍋たぷたぷまで作ってひたすら食べていたこともあります（笑）。

自炊を日常的に続けるコツは、無理しないこと。ルールもあんまりないほうが楽です。だから私のルールは買い物のタイミングだけ。全然面倒くさくないルールなので、守ることに負担が全くないのもよいところ。あとは「買ったものを使い切る」も気にしてます。でも、それくらいです。あとは適当。１日何品食べるとかも全然気にしていません。野菜を食べたらＯＫ。

「今日は手の込んだ料理を作るぞ！」と思い立つこともめったにありません。家族や友達が家に遊びに来るときくらいです。逆に、もう「今日はどうしてもめんどくさい」というときは、ご飯をお茶漬けにしてこれも自炊！　と食べます。

あと、調理時間が短めなメニューが多いかも。煮込むのとかめっちゃ嫌い！　ゆで鶏を作るときも、沸騰させて火を止めて、ゆで上がるまでお風呂に入っちゃう。20分もゆでてるなんて「時間がもったいないない！」という気持ちに耐えられない。ゆで卵のときも洗濯物をたたんでいないと待てません（笑）。

でも、こうすると「お風呂に入ってるあいだにできちゃった！」と、時短できたかのように感じて、なんかテンションが上がるんですよね。かんたんに作れた気分になって嬉しいです（笑）。

インスタで
レシピ検索

Search for recipes
on Instagram

●OKISLIFE COOKING 03●

作るのは時短系のレシピが多め。時間がかかっちゃうと、面倒くさいので、できるだけ楽でおいしいレシピを……という選び方も自炊継続のポイントかもしれません。

余った野菜を使えるレシピを探すために、材料名で検索することもあります。そのときも、ほとんど時短レシピです。

私がよく使うのは、爆速系レシピといえばのリュウジさんのWEBサイト。リュウジさんのお料理がまとまっていて、余っている野菜の名前で検索するだけで、レシピがいっぱい出てくるんです。リュウジさんのレシピって、使う材料が少なめなものも多い。野菜1種類と調味料だけみたいなレシピがたくさんある。だから余り物消費にすっごく役に立つんです！

何回か同じレシピを作ると、「こっちのほうが好きかな？」ってアレンジしたり。毎日飽きずに楽しく作って食べています。

あと、Instagramでレシピを探すのもめっちゃいいです。日々探していると、虫めがねのマークのところが自分が好きそうなレシピでいっぱいになって楽しい。

使い切る！　という思いは強いんですが、フードロス削減についてすごく考えているというわけではないかもしれない。関心度合いはごく普通じゃないかなと思います。自分で買ったものはしっかり食べ切るぞ、くらい。あと、安くなっている野菜を買うことは好きです。でも、どちらも自分の楽しみやお財布のためなんですよね。

「とにかく無駄にしないぞ！」と料理を作るのが、自分のためにも地球のためにもいいなんて最強だ！　と思いながらこれからも自炊を続けていきます。

料理は3色で

Cook with three colors

●OKISLIFE COOKING 04●

料理道具について書くことになりました。うーん、何かあるかなあ。とりあえず、私の自炊では冷蔵庫に入れやすいことがめちゃくちゃ大事。大量に作って次の日も食べたり、1週間の作りおきにしたり。豚汁なんて何日分？　という量ができることもあります。

そこですごく便利なのが、取っ手が取れる鍋。大量に作ったら、鍋ごとそのまま冷蔵庫に入れられます。移し替える手間がないのは最高。とにかく楽にしたほうが、自炊は続きます。

料理道具のこだわりは以上です。そうなんです。全然ないんです、こだわり（笑）。よく動画に出てくる白い包丁は、ニトリのもので、ただただ安かったから買いました。切れ味がよくてありがたいです。

料理で唯一こだわっているのは、見栄えかも。3色違う色を必ず入れるようにしています。それだけでかなり華やかに見えるから。食材だけでカラフルにするのが難しければ、百均に売っているかわいいピックとかを使えば、一気に華やかになりますよ。私もお弁当に使っています。これは、映えるものを作りたいって感覚とはちょっと違って「なんかおいしくて素敵な料理を食べたぞ！」という、自分の満足感を高めるための見栄えです。

あ、あともう1つ、料理するときにこだわっていることがありました。「おいしい」です！（笑）おいしいと思えるレシピを探して、飽きないようにバリエーションを増やしていければ、自炊生活はかなり充実する気がします。

何か料理を見て「これおいしそう」「めっちゃ食べたいわ」って思ったときに、「作ってみよう」と思えることも、すごく大事です。食べてみたいものを家で作れると、自炊が楽しくなります。

3色料理で治った過食

How I stopped overeating with the three-color cooking rule

● OKISLIFE COOKING 05 ●

高校生の頃、食生活に悩んで、過食気味になってしまったことがあります。食べても食べてもお腹いっぱいにならなくて。でも、周りの痩せている子たちを見て、「食べるのを我慢しなきゃ」「痩せなきゃ」と思ってしまう。なのに結局食べてしまって自己嫌悪。そんな毎日の繰り返しだったんです。

この過食は、一人暮らしを始めて、自分の好きなように作れるようになってから治りました。見栄えよくお肉いっぱいお野菜いっぱいにしたら、普通の量で満足できるようになったんです。実家にいたときは量が大事だったから、見栄えまで気にすることができなかった……。なので私は、自分の健康のために料理の見栄えにこだわっています。

治ったのは、大学進学の影響もあると思います。大学は高校よりもいろんな人がいる。個性がめっちゃ強い人もたくさんいて、「私がちょっと太ってても誰も気づかんわ」「無理して変えんでも、このままで全然問題ないやん」って思えるようになったんです。世界を広げることって大事なんですね。

アメリカで暮らしたのもでかい！　こんなに自分の体形のこと気にしてるの、私くらいなんやないか？　と思うくらい、みんな堂々としてた。

このあいだ高校時代の写真を見たら、「これで悩んでたん⁉」と驚くほど、今よりめっっっちゃ痩せてて、ほんまにバカらしくなりました。今の自分の体形が気になるのなんか、まさに今の自分だけみたいです。未来の自分すら「痩せてるけど⁉」って感じるんやったら、悩む意味あんまりないやん、って思えました。

「しそこんぶ」と
「赤から赤きゅう」で
鬼に金棒

Strong beyond strong with
"Shiso Kombu" and "Akakara Akakyu"

●OKISLIFE COOKING 06●

塩、砂糖、醤油、みりんなどの基本的な調味料は常に家にあります。トリガラスープの素、めんつゆ、白だし、オイスターソースも必ず。ここらへんは常に家にある人も多いんじゃないでしょうか。

あまりみんなが常備していなそうで、私の家にはいつもあるものは「しそこんぶ」。その名の通りしそ味のこんぶです。

そしていちおしは、「赤から赤きゅう（うま辛みそ）」。箱買いしてるほど大好きで、これはほんまに何にでもいける！　基本は野菜につけて食べていますが、豆腐にもいいし、ご飯に直接でもおいしいです。1個あるだけでめっちゃ使えます。かんたんに味つけを済ませたいときは、これをにゅーっと入れとけば間違いなし。そういえば、最近うどん用のすだちの素みたいなのも買ったんですよね。味つけが省略できるものが好きなのかな？

しかもチューブで、冷蔵庫の場所を取りません。もともと鍋用の「赤から」をきゅうりとかの野菜につけて食べていたんですが、ちゃんと味噌になってるやつあるやん！　と気づいて買ってみたら大当たりでした。

箱買いしているのは、近所のお店であんまり出合えないからなんですけどね。わざわざ遠くまで買いに行くのも面倒なので、ネットで買おうとしたら箱でしか売ってない！　でも、本当においしいので思い切ってまとめ買いしました。

去年の春に買ったけど、なんと来年の冬までいけるみたいなので、一人暮らしの消費量にも耐えてくれる賞味期限も魅力です。みなさんも見かけたらぜひ買ってみてください。

Uberはあえて
マックを頼む

I dare to order McDonald's
with Uber Eats

●OKISLIFE COOKING 07●

毎日自炊といってもUber取っちゃお！　ってなる日はもちろんあります。私がUberを頼むのは、「今日頑張ったな〜」という日と、「今日ダメダメだったから明日頑張るために！」という日。

そういう日に食べるのは、マクドナルド。Uberでマックを取るんです。ちょうど一昨日やったばっかりですよ。ほんまにおいしくて最高でした。

なんか自分で買いに行くのよりも特別感があるんですよね。食べているマックに宿る、感謝の度合いが違うっていうか。気持ちの上がり幅が全然違うんです。Uberにはいろんなお店があるのにいつもマック？　と不思議かもしれないけれど、だからこその逆にマック。私の注文履歴はマックばっかりです。スシローのときもあるかな。スシローは動画にもしたことがあるはず。普段はお店に行って食べているものを家に運んでもらうのが好きなのかも？

Uberを頼む日は月に2回くらい。外食も月に2回くらいです。土日が多いかなあ。一昨日のマックも土曜日でした。

出かけ先で思いつきで外食することはあんまりなくて、だいたい家でご飯を食べてから出発します。唯一の例外は、旅行のとき。現地のものを食べることに制限はかけません。

でも、「なんか食べて帰ろうかな〜」みたいなことを、ダメだと思ってるわけじゃないんですよ。「食べて帰ったら家の食料が腐る！　もったいな！」という気持ちが勝っちゃうだけで。

あと、やっぱりとっておきの飛び道具にしておきたいのかもしれません。Ｕｂｅｒも外食も、ごほうびとエネルギーなので。

EPILOGUE

お母さんへ
お父さんへ

To Mother
To Father

お母さんへ

To Mother

●OKISLIFE EPILOGUE 01●

お母さんは、細身で、小柄で、料理とお菓子作りをよくしていたみたいです。家にレシピ本や調理器具がいっぱいありました。……ここまでの話だと、優しくてか弱い感じのお母さんを想像しますよね。そんなことはなくて、私の母はパワーがあるタイプ。毎晩赤玉パンチを飲みながら煙草を吸うワイルドな面もあったみたいです。

私、そんな亡くなった母にめっちゃ似てるらしいです。父によく言われます。いつも適当でせっかちなところが似ているそうです。スーパーとかで、ゆっくり商品を見ている父を置いてけぼりにすることがしょっちゅうあるんですが、「まじでお母さんと一緒や」と笑われます。ゆっくりていねいにじゃなくて、雑でもいいからガッとやってしまいたいこの性格、母似らしい。

お母さんがいないことへの劣等感は昔から少ないほうだったと思います。小学生の頃は、さすがにちっちゃかったから、学校の母の日イベントが気まずくて、「なんでお母さんいないの?」と思ってしまった時期もありますが、その後はあんまりなかった。

中高のとき、伯父夫婦も家にいてくれたおかげだと思います。

父は元お相撲さんで、父の兄は福岡県のバスケ県代表で2人ともでっかいし、その横にはオーストラリア人のおばさんもいて。見た目も中身もかなりにぎやかでした。運動会とかは、むしろ人数が他の家族より多くてわけわかんない感じで楽しかったな(笑)。だから、「お母さんがいなくてさみしい」と感じる瞬間は、少なかったんじゃないかなと思います。

お母さんにはお礼を言いたいです。「ほんま、この世に産み落としてくれてよかったー！　私、すごく幸せです」って、伝えたいなあ。

お父さんへ

To Father

● OKISLIFE EPILOGUE 02 ●

私が小学校1年生のときに母が亡くなって、ひとりで私と弟を育ててくれたお父さん。でっかくて、仕事はポジティブに楽しんでいて、いつも冗談を言っていて、常に変顔してきて、でも悩み相談をしたら真面目に前向きに考えてくれて、いつも「好きなことをやりなさい」と言ってくれたお父さん。いつか私も結婚するんやったらお父さんみたいな人がいいなあと思うくらい大好きです。

父は料理上手ですが、母が亡くなるまで全くやったことがなかったそう。小学生の頃の遠足のときは、茶色いお弁当を必死に作ってくれていました（笑）。私達にたくさん作ってくれたからうまくなったんですよね、きっと。

就活の時期に、留学するかどうかで悩んでたとき。「せっかくチャンスがあるんやし、時間がある学生のときに留学しとき。就職はいつでもできるから」と後押ししてくれたのも嬉しかったです。「お金のことも気にせず行っておいで！」と明るく言ってくれた。父ひとりで子ふたりを育てるのは、肉体的にも金銭的にも大変なはずなのに、そう言ってくれるお父さんの優しさがしみました。

母が亡くなってから、父とは助け合いながら過ごしました。フルタイムで働きながら、小さい子供の面倒を見て、家事をして、めっちゃ大変そうな姿をずっと見ていました。だから、高校生時代は自分が家事をすることを、助け合いだと思っていました。父が頑張っていて、ずっと私達のことを考えてくれていたから、これくらいはやんないとな！　と、当たり前の気持ちで家事をできていたんですよね。父のおかげで、母がいないことでの不満みたいなものはすごく少なかった。

お父さん、私ね。小学校1年生くらいのとき、お父さんが1人で泣いているところを見たことがあるんよ。そのお父さんの涙が、めっちゃ記憶に残ってて。お父さんはひとりでつらかったことや大変だったことがたくさんあったはずなのに、弱音を言わなかった。そうやって幼い私達を守ってくれていたから、不満も少なく、楽しく過ごしていられたんだと思います。

でも私は、そんなお父さんのおかげで、しっかり大人になりました。
だから、そろそろお父さんの相談相手にもなりたいなあ。

もし仕事や日常の中で大変なことや嫌なことがあったら、私に話してもらえたら嬉しいな～なんて実は思っています。大事な家族として、ずっと支え合って生きてきたからこそ、それを続けていきたい。これからはもっと力になれると思います。

最近、お父さんは友達とゴルフに行ったり、カフェで読書をしたり、いろいろなところに行って楽しんでいます。私や弟が高校生のころ、実家に住んでいるころには見たことがなかった姿。そんなお父さんの姿を見ているのがとっても嬉しいんです。

仕事に育児に家事に追われて、子どもを第一にして、やらなきゃいけないことがいっぱいあって、きっと自由な時間がほとんどなかったお父さん。

私と弟が成人した今、これから好きなこといっぱいしてほしい。第二の人生を思いっきり謳歌してほしい。お父さんのこれからが、私もめーっちゃ楽しみです。

お父さん、本当にありがとう。ずっとずっと大好きです。

STAFF

ブックデザイン／松山千尋（AKICHI）
編集協力／東美希
DTP／山口 良二
校正／鷗来堂

著者
Okisvlog

普通の平凡な大学生の成長記録（終）→22歳フリーランス女（今）。飾らない、編集しない、無理しない。でも、日々努力する。ありのままの「ちょうど良い」暮らしをYouTubeにアップし続け、じわじわと登録者数を増やし、28万人を突破（2023年11月現在）。何気ない日常だが、なぜか繰り返し見てしまうファンが後を絶たない。「Okiさん3周目」といった言葉がファンの間で交わされるほど。

Okislife《オキズライフ》　ありのままの「ちょうど良い」暮らし
2023年12月26日　初版発行

著者／Okisvlog《オキズブイログ》
発行者／山下 直久
発行／株式会社KADOKAWA
〒102-8177　東京都千代田区富士見2-13-3
電話　0570-002-301（ナビダイヤル）

印刷所／大日本印刷株式会社
製本所／大日本印刷株式会社

本書の無断複製（コピー、スキャン、デジタル化等）並びに
無断複製物の譲渡および配信は、著作権法上での例外を除き禁じられています。
また、本書を代行業者などの第三者に依頼して複製する行為は、
たとえ個人や家庭内での利用であっても一切認められておりません。

●お問い合わせ
https://www.kadokawa.co.jp/（「お問い合わせ」へお進みください）
※内容によっては、お答えできない場合があります。
※サポートは日本国内のみとさせていただきます。
※Japanese text only

定価はカバーに表示してあります。

©Okisvlog 2023　Printed in Japan
ISBN 978-4-04-606623-7　C0095